Magdy Mohamed Niazy Abdou

Agricultura Vertical e Água do Mar para o Combate à Fome Escondida

Magdy Mohamed Niazy Abdou

Agricultura Vertical e Água do Mar para o Combate à Fome Escondida

em Era da Mudança Climática

ScienciaScripts

Imprint

Any brand names and product names mentioned in this book are subject to trademark, brand or patent protection and are trademarks or registered trademarks of their respective holders. The use of brand names, product names, common names, trade names, product descriptions etc. even without a particular marking in this work is in no way to be construed to mean that such names may be regarded as unrestricted in respect of trademark and brand protection legislation and could thus be used by anyone.

Cover image: www.ingimage.com

This book is a translation from the original published under ISBN 978-620-4-20319-5.

Publisher:
Sciencia Scripts
is a trademark of
Dodo Books Indian Ocean Ltd., member of the OmniScriptum S.R.L Publishing group
str. A.Russo 15, of. 61, Chisinau-2068, Republic of Moldova Europe
Printed at: see last page
ISBN: 978-620-4-06976-0

Agricultura Vertical e Água do Mar para Combater a Fome Escondida na Era da Mudança Climática

Dra. Magdy Mohamed Niazy Ph.D., em Ciências Ambientais 2021

nome: .Magdy Mohamed, Niazy
(mobile):+201093458689
whatsapp : +201026870030 Email:amagdy16@gmail.com Egípcio

Ph.D., investigador ambiental do Egipto.
http://www.researchgate.net/profile/Magdy_Niazy/

http://www.eg.linkedin.com/pub/magdy- niazy/76/861/853/

http://ainshams.academia.edu/magdyniazy

http://www.dsa.unipr.it/phytonet/members/oth.htm

http://books.google.com.eg/books/about/phytoremedi
ation_of_polluted_soil_with_s.html?id=YamAQgAACA AJ&redir_esc=y

http://kuwait.tt/articledetails.aspx?Id=188915

Este estudo visa desenvolver uma ideia, trabalho, desenho ou método não convencional para resolver o problema da escassez de água doce e combater a fome.

PREFÁCIO

Este livro abordará os benefícios que os arquitetos paisagistas podem proporcionar na expansão da agricultura vertical em áreas urbanas. Oito diferentes tipologias de agricultura vertical serão analisadas pelos seus benefícios sociais, económicos e ecológicos que proporcionam. As tipologias escolhidas são uma lista abrangente mostrando a evolução dos exemplos de agricultura vertical, que incluem tanto sistemas interiores como exteriores com uma gama de métodos agrícolas utilizados para a produção de alimentos. Embora existam benefícios gerais da agricultura vertical, é altamente improvável que uma das tipologias aborde cada categoria de sustentabilidade, benefícios ecológicos, econômicos e sociais. As oito tipologias incluem sistemas externos, tanto verticais como horizontais (uma parede verde e um telhado verde), sistemas internos usando múltiplos métodos de cultivo (uma fazenda aquapônica), sistemas internos usando um método de cultivo (uma fazenda aeropônica), sistemas de cultivo de bandejas, "fazendas" rotativas, e sistemas verticais e horizontais que usam uma variedade de sistemas para a produção de alimentos que inclui programas comunitários. Depois de analisar as tipologias em relação aos seis critérios, ficará evidente que as tipologias atuais não cumprirão todos os critérios; uma nova tipologia será criada para abordar as "lacunas" que foram encontradas e então um local específico será escolhido para projetar com a terceira "geração" de agricultura vertical. A agricultura vertical produz alimentos de forma sustentável; alguns exemplos são a reciclagem e o armazenamento da água no local, a não utilização de pesticidas nocivos, e se houver uma pegada mínima de viagem - os alimentos podem ser cultivados e enviados dentro da cidade.

Dr . Magdy Mohamed Niazy

Doutorado, em Ciências Ambientais

CULTURA SEM SOLO: AGRICULTURA NO CÉU E BOLHAS VERDES

INTRODUÇÃO

Começamos por nos perguntar como é que as plantas são tão numerosas e tão saudáveis na Terra. Apesar da sua aparente incapacidade de reagir à predação animal e embora não possam fugir para sobreviver em qualquer perigo, a quantidade de plantas na Terra é espantosa. Elas representam, de facto, 99,5% da biomassa do nosso planeta. Uma percentagem, que é a única e indiscutível medida do seu sucesso. Em outras palavras, tudo o que está vivo na Terra, os animais são (por peso) um insignificante 0,5%. Há algo mais: como é que seres vivos tão aparentemente insignificantes e indefesos, sem qualquer sensibilidade, memória, capacidade cognitiva, à mercê dos predadores e do meio ambiente, são capazes de alcançar uma propagação tão extraordinária e indiscutível? Parece legítimo suspeitar que subestimamos a capacidade real das plantas Entre 400 milhões e um bilhão de anos atrás - ao contrário dos animais que optaram por se mover para encontrar o alimento que era essencial - as plantas tomaram uma decisão evolutivamente oposta. Decidiram não se mover, obtendo toda a energia necessária para sobreviver ao sol e adaptando os seus corpos à predação e a outros inúmeros constrangimentos decorrentes de estarem enraizados no solo. Pense como deve ser difícil sobreviver em um ambiente hostil sem poder se mover. Imagine que você é uma árvore, cercada por predadores de todas as espécies e sem chance de escapar. A única maneira de sobreviver é ser construído num ambiente completamente diferente de um animal. Sendo uma planta, na verdade. Muitas das soluções desenvolvidas pelas plantas, são o oposto completo daquelas produzidas pelo mundo animal. Como um negativo fotográfico, o que nos animais é branco, nas plantas é preto, e vice-versa: os animais se movem, as plantas pararam; os animais são velozes, as plantas têm lente; os animais comem outros seres vivos, as plantas obtêm sua energia da luz; os animais produzem CO2, as plantas fixam CO2; e nós poderíamos continuar e continuar. A série de contradições entre plantas e animais continua até ao que eu penso ser o mais decisivo e de longe o mais desconhecido de todos: o contraste entre a propagação e a concentração. Poderíamos resumir assim: todas as características que os animais concentraram em órgãos especializados, as plantas se espalharam por todo o corpo. É uma diferença tão fundamental que é difícil apreciar as consequências. Na verdade, tudo muda. Uma estrutura tão diferente é uma das razões pelas quais as plantas nos parecem tão distantes e alienígenas. Elas têm em comum com (quase) todos os animais, cérebro, coração, boca, pulmões, estômago, o que as torna próximas e compreensíveis; o mesmo não se pode dizer das plantas. Mas porque as plantas não desenvolveram os corpos especializados que se têm revelado tão úteis no mundo animal? Simplesmente porque os órgãos individuais são de vulnerabilidades. Imagine uma planta com um estômago ou pulmões, um cérebro, olhos. O primeiro animal de estimação -

não precisa de um herbívoro grande, mesmo uma lagarta é suficiente - ele comeu um pedaço desses órgãos seria o suficiente para matá-la. Esta é a razão pela qual a planta não tem órgãos que nós encontramos nos animais. Uma decisão muito sábia para os corpos continuamente submetidos à predação e cujo corpo é construído para fazer frente a este evento. Mas tenha cuidado! Não possuir o corpo, não significa automaticamente, nem sequer possuir a função que desempenha esse órgão. Esta é a natureza extraordinária da matéria. A planta, de fato, respira sem pulmões, pode alimentar-se pela boca, sem digestão estomacal, ver sem olhos, ouvir sem ouvidos, e o mais notável de tudo: salvar, aprender, comunicar e resolver problemas sem ter um cérebro ou estruturas similares. As plantas, em outras palavras, não têm uma organização centralizada, tudo em sua amplitude e não é delegado a órgãos específicos. Poderíamos defini-las como construção modular. O corpo vegetal é constituído pela repetição de módulos básicos, que interagem uns com os outros e que muitas vezes podem sobreviver mesmo individualmente. Agora pense por um momento, tudo o que o homem constrói, é inevitavelmente inspirado pelo modelo animal. Nossos carros, nossos computadores, nossa própria sociedade têm sempre um centro de comando e respondem a uma hierarquia específica. As plantas representam um modelo, deste ponto de vista, o oposto, muito mais durável e moderno animal; enquanto que a representação viva da força e da flexibilidade. Sua construção modular é a quintessência da modernidade: uma arquitetura cooperativa, distribuída e sem centros de comando, capaz de resistir perfeitamente a eventos catastróficos e repetidos sem perder funcionalidade e pode se adaptar muito rapidamente a enormes mudanças ambientais. Não é por acaso que a própria Internet, o próprio símbolo do moderno, é construída como uma rede radical. Na prática, as plantas são o sonho de todo engenheiro. Organismos que poderiam inspirar-nos a construir o nosso futuro. Por outro lado, as plantas constituem 80% dos alimentos que comemos e produzem 98% do oxigênio que respiramos. Se você vive no planeta Terra e é uma das sete bilhões de pessoas que comem alimentos todos os dias, você tem que ter cuidado porque nas próximas três décadas teremos que enfrentar um dos desafios globais mais críticos da nossa geração mundial. E não estou a falar das alterações climáticas. Estou a falar de alimentação e agricultura. Em 2050, nossa população global deverá atingir 9,8 bilhões, com 68% de nós vivendo em áreas urbanas do centro da cidade. Para alimentar esta população massiva, precisamos aumentar nossa produção agrícola em 70 por cento acima do nível atual. Para colocar esse número sob a luz certa, precisamos cultivar mais alimentos nos próximos 35 a 40 anos do que nos 10.000 anos anteriores combinados. Simplificando, a nossa população global não só está a aumentar, como está a ficar mais densa, e temos de cultivar significativamente mais alimentos, utilizando significativamente menos terra e recursos. O argumento mais convincente a favor da agricultura vertical é a sua capacidade de dissociar a produção alimentar da sua actual dependência de recursos elementares limitados e de capital natural frágil. Considere o uso da água na agricultura. O consumo de água pelas fazendas convencionais deve ser responsável pelo processo de transpiração, onde a água é liberada durante a fotossíntese e evaporada para a atmosfera. Embora a taxa de transpiração seja diferente para cada espécie vegetal, as culturas agrícolas tendem a liberar entre 200 kg a 1000 kg de água para cada 1 kg de biomassa seca produzida pela planta. A perda adicional de água ocorre por evaporação diretamente do solo e do escoamento superficial - ambos agravados pela ausência de ervas daninhas e gramíneas naturais que, de outra forma, permitiriam a retenção de água. É esta ineficiência que impulsiona o apetite insustentável da agricultura por água doce, que como mencionado, representa 72% de todo o uso de água humana. Quando o crescimento da cultura ocorre dentro do ambiente contido de uma fazenda vertical, toda a água evaporada pode ser coletada por desumidificadores e reciclada de volta ao sistema. Como resultado, a única água que sai da circulação vertical de uma fazenda é aquela contida dentro da biomassa do produto comercializável. Considerando apenas as perdas de água por transpiração, uma fazenda vertical consumiria 1000 vezes menos água do que uma fazenda convencional para produzir a mesma quantidade de alimentos. Portanto, se você quiser construir uma fazenda vertical interior, você precisará substituir alguns dos elementos convencionais da agricultura por substitutos artificiais, começando com a luz solar. Nas operações verticais em interior, a

A luz solar é substituída por luz artificial, como os LEDs. Embora muitos tipos diferentes de LEDs sejam utilizados, os instalados aqui são chamados de "LEDs de espectro total", que foram otimizados para o tipo de legumes que cultivamos. Para maximizar a produção para um determinado espaço, as operações verticais internas utilizam e instalam sistemas de prateleiras para cultivar legumes na vertical, e algumas das maiores plantas empilham a sua produção de 14 a 16 andares de altura.

O modelo de agricultura vertical foi proposto com o objectivo de aumentar a quantidade de terras agrícolas através da construção para cima". Por outras palavras, as culturas "aráveis" eficazes podem ser aumentadas através da construção de um arranha-céus com muitos níveis na mesma pegada de terra.

Legumes e frutas

O conceito de agricultura vertical foi dado pelo Professor Despommier; A fazenda usa métodos agrícolas convencionais como hidroponia e aerofônica para obter mais produtividade mais rapidamente. A agricultura vertical pode ser amplamente definida como um sistema de agricultura comercial no qual plantas, animais, cogumelos e outras formas de vida para alimentos, combustíveis, fibras ou outros produtos ou serviços são cultivados empilhando-os verticalmente uns sobre os outros. A agricultura vertical é a agricultura em larga escala. arranha-céus inurbanos. O conceito prevê o cultivo de frutas, legumes, medicamentos, plantas produtoras de combustível e outros produtos hortícolas nas cidades (www.verticalfarms.com.au) e a sua venda directa dentro das cidades, reduzindo assim os custos de transporte e fazendo com que as reservas de água e o uso do solo sejam eficientes. A agricultura vertical é uma tecnologia que está um passo à frente das estufas porque envolve o uso de recursos em matrizes verticais e pode satisfazer as necessidades de abastecimento de alimentos com os recursos de megacidades. A agricultura vertical compreende três tipos de agricultura:
1. Frase agricultura vertical foi usada por Gilbert Ellis Bailey em seu livro "Vertical Farming" (Agricultura Vertical) em 1915. Ele discutiu o conceito utópico da agricultura vertical. Ele introduziu o conceito de agricultura vertical subterrânea, atualmente seguido na Holanda.
2. Na segunda categoria, a agricultura vertical é feita ao ar livre ou em raspadores de céu de uso misto para controle climático e consumo. Este é um tipo de agricultura sustentável para uso pessoal ou comunitário e não pode ser para fins comerciais. Uma forma modificada deste conceito envolve o cultivo de culturas na periferia dos "sky scrapers" para lhes proporcionar uma quantidade de luz ambiente.
3. A terceira categoria envolve o cultivo de plantas e animais no sistema fechado para o cultivo em larga escala. Estes sistemas estão sendo testados em vários locais (Singapura, Canadá, Londres).

O que você precisa para o cultivo da cultura?

Uma cultura cresce e desenvolve-se de forma óptima sob as seis condições seguintes: 1- Obviamente, as sementes devem estar presentes para cultivar o alimento

2- Deve haver um meio de cultivo adequado em torno da planta para dar e apoiar um lugar. Os suportes seguintes nas raízes têm algumas plantas, incluindo os tomates, também os suportes necessários no caule. O meio de cultivo oferece mais lugar na água e nos nutrientes.

3- Deve haver fotossíntese, respiração e transpiração podem ocorrer na planta

4- Água e nutrientes devem estar disponíveis para a produção de enzimas que controlem o suporte do processo de fotossíntese. Estes incluem nitrogênio, fósforo, enxofre e sódio. É importante que a mistura de água e nutrientes tenha o valor pH correto para que as raízes sejam capazes de absorver os nutrientes.

5- Deve haver um clima adequado para a planta Isto significa que as seguintes coisas devem estar dentro de certos limites:

*A temperatura do ar;
*Humidade ;
*Composição atmosférica (nitrogénio oxigenado, CO2).

6- A planta deve ter resistência suficiente a organismos concorrentes, como doenças, fungos, pragas e ervas daninhas.

Funções e sistemas em uma fazenda vertical de alta tecnologia

Como em qualquer outra forma de cultivo tradicional, também numa quinta vertical as condições de crescimento são muito importantes. Distinguimos os seguintes cinco ingredientes: meio de cultivo, água e nutrientes, clima de fotossíntese e protecção. Estar em um viveiro vertical regula estas condições de cultivo um a um com sistemas tecnológicos de alta qualidade que já são amplamente utilizados na horticultura de estufa.

Sistema de Cultivo

As funções do sistema de cultivo já foram discutidas. Funções importantes do sistema são o fornecimento de espaço e espaço para a cultura, e o fornecimento de água e nutrientes para que a cultura possa crescer. A tecnologia mostra que a **hidropônica** é atualmente a mais utilizada no método de cultivo vertical. Há também cada vez mais investigação aeropónica, crescendo em nevoeiro. A expectativa é de que a aerofónica esteja a ganhar cada vez mais terreno no futuro na agricultura vertical de alta tecnologia. Tanto a hidroponia como a tecnologia aeropónica explicamos com mais detalhe O cultivo na água é uma forma de hidroponia onde as raízes da planta estão na água para pendurar. Não solo, mas um meio de cultivo como turfa, grânulos de argila, fibra de coco ou lã de rocha, mantém a planta em seu lugar. Minerais, oxigênio e nutrientes são adicionados diretamente à água. Este método existe desde o início do século 20, mas tem florescido na agricultura comercial dos anos 60. Com o cultivo hidropônico é possível alcançar ótimas condições de cultivo com controle preciso para a planta. Isto resulta em maiores rendimentos do que com o cultivo clássico em solo aberto (cultivo geopónico). Com o cultivo hidropônico você não sofre de doenças e pragas da terra. E os pesticidas ou fertilizantes desnecessários não entram nas águas subterrâneas de forma justa. Uma vantagem adicional é que os vegetais cultivados hidroponicamente são geralmente tão limpos que podem ser embalado imediatamente.

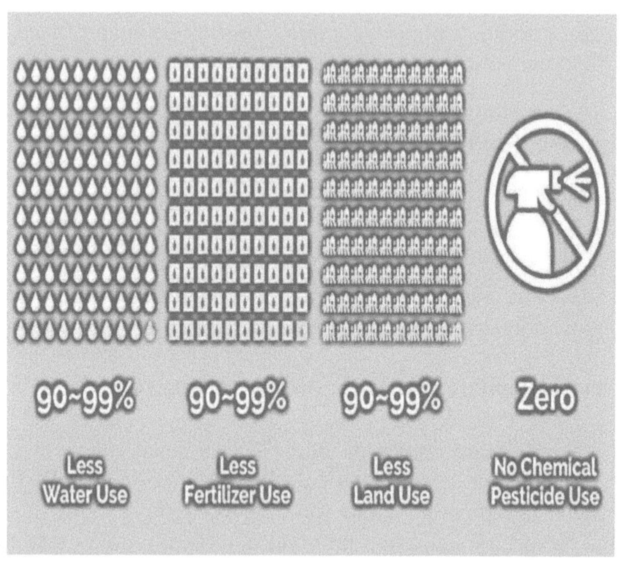

Vantagens da fazenda vertical

https://www.ted.com/talks/stuart_oda_are_indoor_vertical_farms_the_future_of_agriculture

verticalfarm.com

MUDANÇA PARA UMA COSMOVISÃO ECOLÓGICA

Hora de começar a considerar o homem como parte, não à parte, dos ecossistemas

- Os factores humanos não estão isolados de outros factores bióticos/abióticos

- Nenhum ecossistema na Terra está livre da influência humana.

- Não podemos fugir à responsabilidade de gerir o nosso planeta.

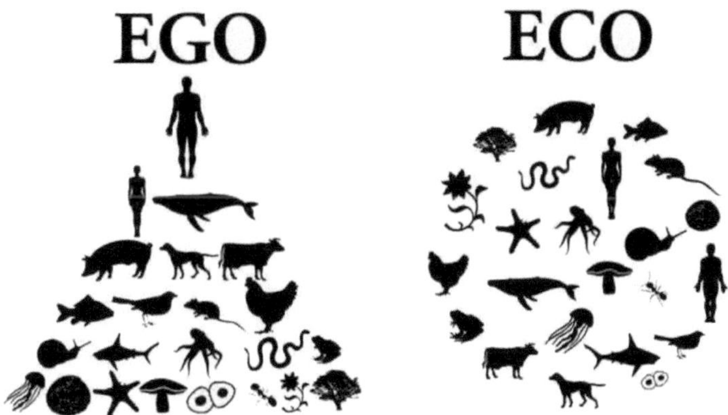

Hora de começar a considerar o homem como parte, não à parte, dos ecossistemas

Fontes: Marzluff et al. (2008), Urban Ecology. Uma perspectiva internacional sobre a interacção entre o ser humano e a natureza; www.21stcentech.com

Agricultura vertical para pessoas pobres

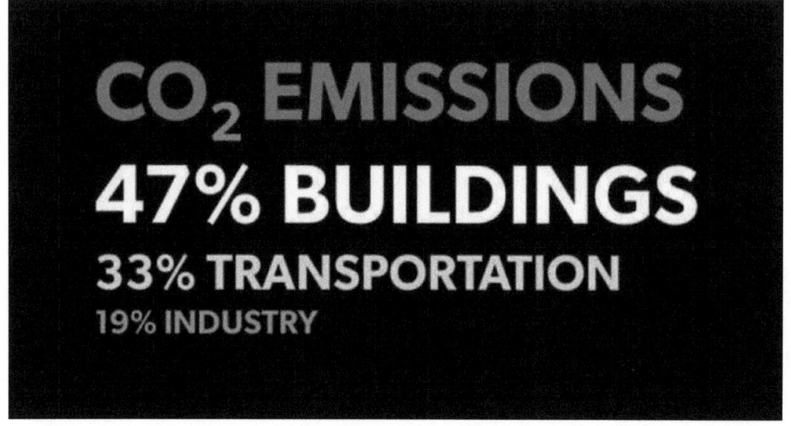

As Fazendas Verticais têm requisitos básicos de calor, energia, CO2 e nutrientes e, como tal, representam uma excelente oportunidade de co-localização com outros sistemas. Qualquer operação ou processo que gere um excedente desses recursos é uma oportunidade para melhorar o potencial econômico tanto desse negócio quanto de uma fazenda vertical. Exemplos podem ser a digestão anaeróbica na fazenda, a produção de energia renovável, plantas de co-geração, fazendas de servidores ou plantas industriais de processamento de alimentos. Este modelo económico mutuamente benéfico permite potencialmente recuperar valor do que de outra forma seria um desperdício de recursos e que exigiria mais energia para gerar de novo.

Atualmente, um em cada três indivíduos que vivem em comunidades urbanas hoje em dia, na realidade, vive em um gueto. Isso é um bilhão de indivíduos no planeta vivem em guetos. Cem milhões de indivíduos no planeta estão destituídos. O tamanho do teste para modeladores e para que a sociedade consiga construir na construção é descobrir uma resposta para abrigar esses indivíduos. Seja como for, o teste é que, à medida que nos deslocamos para áreas urbanas, as comunidades urbanas são inerentes a estes dois materiais, o aço e o cimento, e eles são materiais incríveis. Eles são os materiais do século passado. Mas, por outro lado, são materiais com energia excepcionalmente elevada e emanações de substâncias nocivas à camada de ozono extremamente elevadas na sua interacção. O aço trata cerca de 3% dos fluxos de substâncias destruidoras da camada de ozônio do homem, e o cimento é mais de 5%. Portanto, se você considerar isso, oito por cento do nosso compromisso com as substâncias que prejudicam o ozônio hoje em dia vem apenas desses dois materiais. Não o contemplamos uma tonelada, e chocantemente, na realidade não ponderamos as estruturas, penso eu, por muito que devêssemos ponderar. Esta é uma medida americana sobre o efeito das substâncias que prejudicam o ozônio. Praticamente 50% das nossas substâncias nocivas ao ozônio são identificadas com o negócio das estruturas, e na hipótese de vermos energia, é uma história semelhante. Você vai notar que o transporte é uma espécie de segundo lugar nesse resumo, mas essa é a discussão que geralmente descobrimos. Além disso, embora uma grande parte disso seja sobre energia, é também uma grande quantidade sobre carbono. A questão que eu vejo é que, finalmente, o conflito de como lidar com essa questão de servir a esses três bilhões de indivíduos que precisam de uma casa, e a mudança ambiental, são um choque frontal que está prestes a ocorrer, ou que ocorreu anteriormente. Esse desafio implica que precisamos começar a pensar de novas maneiras, e eu acho que a madeira será importante para esse arranjo, e eu vou aconselhar a vocês a narrativa do porquê. Como planejador, a madeira é o material solitário, material enorme que eu posso montar com isso é, a partir de agora, desenvolvido pela força do sol. No ponto em que uma árvore preenche a floresta e irradia oxigénio e absorve dióxido de carbono, e passa e cai no chão da floresta, devolve esse dióxido de carbono ao clima ou ao solo. No caso de consumir num incêndio numa floresta, devolverá esse carbono também ao clima. No entanto, na hipótese de pegar nessa madeira e colocá-la numa estrutura ou num artigo doméstico ou nesse brinquedo de madeira, tem na verdade uma capacidade incrível de armazenar o carbono e fornecer-nos uma sequestração. Um metro cúbico de madeira irá armazenar uma tonelada de dióxido de carbono. Agora as nossas duas soluções para o clima são obviamente para reduzir as nossas emissões e encontrar armazenamento. A madeira é o único material de construção importante com o qual posso construir que realmente faz ambos os bambus lenhosos, ou "gramíneas de árvores", são uma característica cultural e ecológica de muitos países da Ásia, América e África, onde os bambus podem proporcionar benefícios ambientais, sociais e econômicos. O bambu é uma planta polivalente - pode substituir a madeira em muitos aspectos devido aos seus caules lignificados e, devido ao seu sistema de rizomas intrincados e de rápido crescimento e sustentabilidade, tornou-se uma planta com valor de conservação, capaz de mitigar os fenómenos resultantes das alterações climáticas globais. O bambu é também um recurso essencial para muitos outros organismos, não apenas pandas. O bambu, como o arroz, milho, trigo e cana de açúcar, é outra erva importante indissociavelmente ligada ao sustento humano, satisfazendo as necessidades de abrigo, alimento, papel e muito mais; a gama do seu uso dificilmente rivaliza no reino vegetal - não porque nada é conhecido como "a planta de mil usos". Os bambus são plantas complexas que podem ser difíceis de identificar ou classificar, mas dada a sua importância ecológica e económica, a identificação correcta é fundamental para a sua conservação e desenvolvimento e um sistema de classificação filogenética robusto sustenta a identificação.

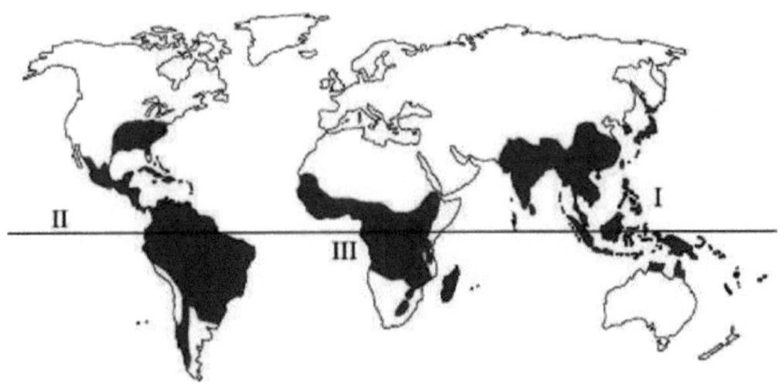

Distribuição global de bambu (INBAR 2010)

Milhares de anos atrás, o homem usou os caules da planta de bambu na construção de habitações, mas com o desenvolvimento da tecnologia testemunhado pelo campo da construção, a maior dependência dos meios tradicionais como concreto, pedras, etc., e o uso do bambu na maioria das partes do mundo foi limitado a um grupo de pequenos artesanatos, e não é mais usado na construção. Exceto em uma extensão limitada em alguns países, principalmente na Colômbia, e mesmo nesses países, o bambu ou bambu é usado apenas na construção de paredes de cortinas insustentáveis, mas recentemente surgiram alguns estudos que confirmaram que o bambu tem vantagens que o qualificam para ser um dos principais materiais de construção, e os mesmos estudos que se espera que espalhem as casas de bambu estão no futuro próximo e a demanda por elas está aumentando, por isso estamos analisando as vantagens do bambu na construção neste tópico Primeiro: os benefícios do uso do bambu na construção de casas Os cientistas reconheceram que o uso do bambu na construção de casas tem múltiplas vantagens e benefícios ilimitados, os mais proeminentes dos quais são os seguintes bambu:

1- Flexibilidade e durabilidade

Uma das características mais importantes que caracteriza o bambu ou bambu é sua característica estrutural, que o tornou um material muito adequado para uso em obras de construção, e ajudou a propagação de casas de bambu em muitas regiões do mundo, pois os caules desta planta têm uma grande flexibilidade, o que facilita o processo de sua formação, além de caracterizar-se por resistência e durabilidade, garantindo que a construção seja estável e tenha capacidade superior de resistir ao vento e à erosão.

2- abundância

O segundo factor distintivo desta planta, que leva à propagação de casas de bambu no país famoso pelo seu cultivo, é que esta planta é um dos tipos de plantas de crescimento rápido. Este tipo de planta cresce 15 centímetros por dia. A construção, além disso, a abundância de .bambu baixou o seu preço, tornando-a um material de construção económico.

3- Reduzir a poluição

Muitas autoridades preocupadas em proteger o meio ambiente e preservar a natureza apelam à generalização do uso do bambu na construção, ou pelo menos ao seu aumento, porque a construção de casas utilizando esta madeira, como o processo de preparação e utilização não resulta em emissões poluentes para o meio ambiente, ao contrário do que resulta dos métodos tradicionais de construção como o cimento, etc. Além disso, contar com o bambu preserva o solo, já que este método limita a possibilidade de erosão e erosão. Apesar dos equívocos comuns sobre a madeira como sendo propensa ao fogo e instável, ela pode ser um material de construção forte e inovador O bambu tem uma resistência à tração bastante alta. É como o aço. Além disso, o bambu tem uma camada protetora à prova d'água no lado externo que o protege da podridão da água, o que é um grande problema para quase todos os materiais orgânicos. O uso do bambu e sua resistência. Hoje em dia, na engenharia civil, muitas pessoas usam o bambu em vez do aço para reforço, já que o bambu é uma excelente escolha para reforço de concreto devido à sua maior resistência do que o aço. por peso. A resistência à tração do bambu é de aproximadamente 28.000 por polegada quadrada (180.644 cm2) em relação ao aço, 23.000 (148.386 cm2). Portanto, o bambu é mais resistente do que o reforço. Em aplicações de carga de tração, os resultados apresentados pelo bambu são interessantes, pois a relação entre a resistência à tração e o peso específico do bambu é seis vezes maior do que a do aço. Em comparação, a energia necessária para produzir aço é quase 50 vezes maior que a deste produto natural.

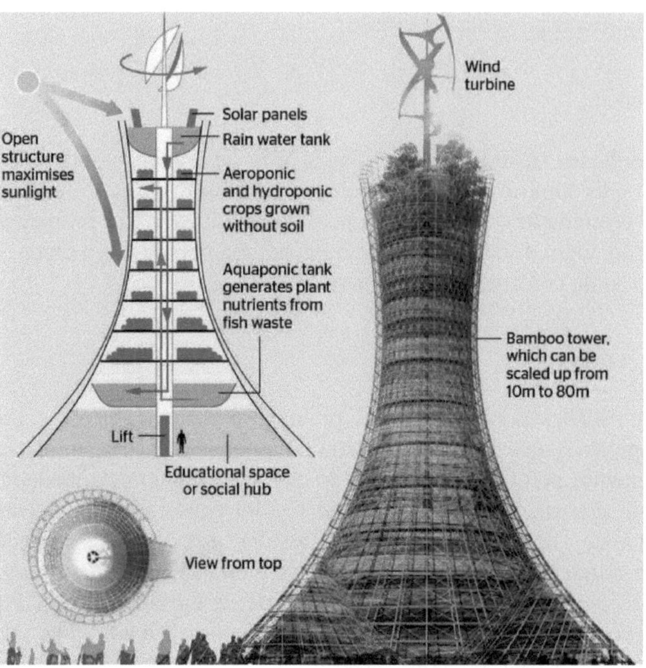

Este é um conceito interessante de fazer agricultura vertical no exterior usando a luz solar natural. Isto seria mais adequado para climas mais quentes. Armazenar a água da chuva de coletores no telhado e usar energia solar e eólica são ótimas idéias que poderiam ser aplicadas em todas as fazendas verticais. Imagine cultivar todas as suas frutas e vegetais localmente durante todo o ano, mesmo nos climas mais frios. Não há necessidade de transportar alimentos para metade do mundo onde todos os seus alimentos poderiam ser colhidos sob demanda e com apenas minutos ou horas de vida em vez de dias ou semanas.

https://steemit.com/science/@wakeupnd/is-vertical-farming-theanswer-to-solving-over-população

Este jardim urbano, tipo Babylon Garden, foi feito por Amaury Gallon e inspirado em andaimes de bambu usados para construir edifícios na China. Cada cana de bambu foi previamente selada com cascalho fino, uma camada de feltro hidrofílico e um sistema de irrigação porosa. As plantas são irrigadas várias vezes ao dia, com um programa dedicado. O excesso de água é coletado em um recipiente para lastro para a estrutura. Os peixes permitem uma ingestão de nutrientes para as plantas. Este jardim contém vegetais (aboborinha, melão, abóbora, picles, tomate, morango ...) e plantas aromáticas e medicinais (Helichrysum, bálsamo de limão, menta, cebolinho, manjericão ...).

https://inhabitat.com/vertical-bamboo-towers-are-high-tech-and-primitive-at-the-same-time/

A África está significativamente fora do caminho para alcançar a meta da Fome Zero, mesmo sem considerar o impacto da COVID-19. Se as tendências recentes persistirem, a sua prevalência de subnutrição (UP) aumentará de 19,1 para 25,7%. Espera-se que a subnutrição se agrave, particularmente na sub-região subsaariana. Por 2030, o aumento previsto na UO elevaria o número de pessoas famintas em África para quase 433 milhões, dos quais 412 milhões nos países subsaarianos.

Hidropônicos

A produção de frutas da casa verde era evidente a partir de 1700, em diferentes formas de vidro. O grande ponto de viragem na produção de estufa foi a invenção de 26 polietileno e seu primeiro uso foi evidente em 1948 pelo Professor Emery da Universidade de Kentucky, que utilizou o polietileno para o aquecimento da estufa para obter a produção fora da estação (Jensen, 1997). Treftz e Omaye (2016) revisaram a literatura sobre hidroponia com foco em hidroponia e sistema convencional de produção de alimentos. Eles consideraram a hidropônica como uma mudança no sistema convencional de produção de alimentos para atender a demanda global de alimentos. De acordo com eles, a hidropônica ajudou na economia de água. O crescimento ideal poderia ser alcançado com a ajuda da hidropônica através do controle de pragas de culturas, uso inteligente de nutrientes e outros traços necessários para o crescimento das plantas. O presente estudo testou praticamente hidropônicos comerciais em países em desenvolvimento como o Paquistão. Drechsel e Keraita (2014) estudaram o sistema de produção de hortaliças urbanas no Gana, suas características, benefícios e mitigação de riscos para as comunidades locais. Também foram analisadas práticas de produção de hortaliças, comportamento de produção e aspectos financeiros e econômicos. Concluiu-se que os plantadores de hortaliças urbanas ganhavam o dobro da renda em comparação com os plantadores de hortaliças rurais. A produção de hortaliças urbanas tem efeito sobre a saúde do consumidor e gastou US$ 1,45 a mais em saúde em comparação com a pessoa que vive em áreas urbanas puras. A renda dos horticultores rurais era de US$ 400 a 800 por ano, o que era duas vezes maior do que a renda dos rurais. O tamanho médio das fazendas de hortaliças era de 0,02-0,05 ha. na área. A melhor maneira de cultivar hortaliças urbanas é com tecnologia hidropônica Biernbaum (2006) explica que as estufas de hortaliças oferecem muitas opções de produção para aumentar os lucros das fazendas e a segurança alimentar para melhorar a qualidade de vida. Uma estrutura de proteção pode ajudar a abrir novos mercados a partir de uma perspectiva de fazenda. Ela pode ajudar a diminuir o risco de um impacto climático incerto sobre a produção agrícola. O estudo de investigação mediu o estado de crescimento das plantas dentro de vários ambientes, tal como é definido pelas condições ambientais aéreas e das zonas radiculares, que induziram com sucesso os modos de crescimento vegetativo e reprodutivo do tomate em estufa. O diâmetro do caule foi a característica morfológica que resultou na maior resposta e sensibilidade ao meio ambiente. As plantas dentro de um ambiente indutor de reprodução mostraram um diâmetro de caule mais fino do que as plantas dentro de ambientes indutores vegetativos (Costa, 2007) .

Black et al. (2008) narra que as estufas hidropônicas suportam condições climáticas favoráveis que podem ser utilizadas para o cultivo de hortaliças fora da estação ao longo do ano. As estufas são dispendiosas na construção e operação, em comparação com os túneis altos. São melhores para o cultivo de pepinos, tomates, pimenta doce e pimenta picante.

1- Luz

Dickerson (2011) indicou que os locais de estufas têm sido tradicionalmente localizados perto de residências humanas e a interceptação da luz solar nas estufas é restrita devido a sombras de edifícios e árvores. O autor propôs ainda evitar a construção de estufas perto de edifícios. Gellani (2012) descobriu na sua investigação que a luz solar está disponível quase durante todo o ano, os cultivadores de túneis empregam folhas de polietileno, cobertas sobre estruturas de bambu, tubos ou ferro para prender o calor do sol para dar às plantas uma temperatura óptima para cultivar legumes de verão, o que traz um preço médio três vezes superior ao dos legumes tradicionalmente cultivados com alto rendimento.Gonzalez et al. (2003) relatam que o termo "UV blocking" é usado para folha de polietileno e insecticida com vários potenciais para interceptar a luz solar abaixo de 380nm. Whitefly e thrips são dois insectos mais prejudiciais para o tomate em condições ambientais controladas. O movimento destes insectos depende da radiação UV. A folha de polietileno absorve a radiação UV de forma a diminuir a condução de doenças virais. Castilla e Hernandez (2007) informam que a radiação directa pode provocar a queima das folhas nas culturas em estufa durante os dias quentes nas áreas onde há céu limpo e altas radiações solares. Algumas folhas de polieteno são feitas para aumentar a percentagem de radiação difusa nas estufas. A radiação "difusa", já que se afasta mais de 2,5° da luz solar direta. Esta luz tem impactos positivos em áreas frias. Hemming et al. (2008) avaliam o efeito do vidro difusivo e do vidro transparente e este resultado provou que mais luz foi captada pela cultura em tratamento difuso.

2 - Temperatura

Moinhos (2010) declararam que a alta temperatura do túnel de estufa é prejudicial ao crescimento e ao rendimento do tomate. Uma estufa de 40 por cento reduziu a radiação solar, enquanto a produção foi reduzida. Em uma estufa com 15 por cento de sombra, com alta densidade de fluxo radiante e temperaturas mais amenas na produção de frutas no verão foi excelente, mas no inverno foi pobre. 15 Shaheen (2011) afirmou que é fácil construir estufas com polietileno como material de revestimento, mantendo uma ótima faixa de temperatura e, assim, melhorando a estação de crescimento. A diferença entre o túnel alto e as estufas é que os túneis são estruturas não aquecidas e não permanentes, enquanto as estufas são sistemas de ambiente controlado com arranjos adequados de aquecimento e resfriamento. Kashif (2012) diz que o cultivo em túneis é adotado para hortaliças de verão. É difícil cultivar legumes de verão nos campos de dezembro a fevereiro devido à baixa temperatura e ao alto nível de geadas, por isso estes são cultivados dentro de estruturas revestidas de polietileno. A produção oportuna e rica em qualidade oferece bons lucros aos cultivadores. É por isso que os agricultores progressistas estão a adoptar este modo avançado de agricultura inovadora. Segundo o FAOSTAT, (2015) a omato é a cultura hortícola mais importante do mundo, com uma produção total e uma área cultivada estimada em 164 mt e 4,76 milhões de ha, respectivamente. A China é o principal produtor, com 31,0% da produção mundial total e 20,6% da área cultivada total, enquanto que a Espanha é o país com a maior produção média de tomate (81,3 t/ha). A produção de culturas de tomate em estufas aumentou dramaticamente nos últimos anos. Isto deve-se ao facto de que estes sistemas permitem um controlo mais eficiente da nutrição e da irrigação, o que gera rendimentos mais altos. Além disso, reduzem consideravelmente a incidência de problemas patológicos; implicando menores custos de investimento inicial, e evitam a contaminação dos solos e aquíferos por nitratos e pesticidas, contribuindo assim para a prática de uma agricultura sustentável (Kotsiras et al., 2016). O crescimento e rendimento da cultura começam a diminuir quando a condutividade elétrica (CE) da solução nutritiva (NS) com a qual é cultivada excede 2,5-4,0 dS/m. Este nível de salinidade afeta negativamente o desenvolvimento vegetativo das raízes e das partes aéreas, assim como o rendimento e a eficiência do uso da água, embora melhore a qualidade daqueles frutos que não sofrem qualquer desordem fisiológica ou infecção patogênica, já que aumenta sua concentração de sólidos solúveis totais (Bustomi et al., 2014). O primeiro efeito da salinidade nas plantas é o "efeito osmótico", já que as raízes estão expostas a 90 excessos de sal no meio de crescimento - o que limita a absorção de água, criando um déficit de água na planta que tem efeitos negativos no crescimento. À medida que o tempo de exposição ao sal aumenta, as plantas começam a sofrer fitotoxicidade, devido ao acúmulo de Cl- e Naplus, e desequilíbrios nutricionais, já que a absorção de alguns nutrientes é inibida (Zhang et al., 2017). Em sistemas de cultivo sem solo, a irrigação deve ser suficiente para manter altas taxas de evapotranspiração da cultura e um suprimento adequado de nutrientes, enquanto garante níveis adequados de oxigênio no sistema radicular e baixo acúmulo de sal (Fan et al., 2012). A hidropônica não exige nenhum solo fértil para a produção de culturas. Como o solo é excluído do processo de produção não haverá nenhum problema relacionado a doenças, pragas e ervas daninhas nascidas no solo. Com a exclusão destes problemas, haverá um uso mínimo de produtos químicos nocivos à proteção das plantas, de modo que o rendimento dos hidropônicos é fresco e saudável (Bogovic, 2011).

O solo é excluído da hidroponia, a maioria das plantas, exigem um meio de suporte para melhor sustentação na estrutura. Com base nisso, os hidropônicos podem ser divididos em sistemas hidropônicos líquidos e sistemas hidropônicos agregados (Gorbe e Calatayud, 2013). O substrato preparado pela mistura de turfa de palma e turfa de coco deu fortomatos de rendimento significativamente maior em comparação com outros substratos em hidropônicos, em uma experiência realizada na estufa da Universidade Islâmica Azad, Khorasgan, Irã. Um experimento realizado no Instituto de Pesquisa Agrícola, Chipre, mostrou que o uso de cascalho local para o cultivo hidropônico de tomate produziu um rendimento semelhante ao do tomate com perlite importada (Borji et al., 2010). O tomate produziu 245,3 t/ha quando cultivado sob sistema hidropônico em um cocho com turfa, cascalho e pedra como meio de comunicação em seu estudo sobre produtividade, qualidade e economia do cultivo de tomate em hidropônicos agregados (Joseph e Muthuchamy, 2014). O estudo sobre a lenhite como meio de cultivo sem solo de tomate mostrou que, sob hidropónicos, as plantas de tomate produziram o maior rendimento inicial comercializável e total quando cultivadas em meio lenhoso e isto não foi significativamente diferente do rendimento comercializável obtido sob medula de coco (Dysko et al., 2015).

3 - Umidade

O governo do Paquistão (2010) informou que os vegetais da estação do verão são mais vulneráveis a insetos, pragas e doenças que podem ser cultivadas no inverno, através do controle da temperatura, umidade e fertilidade. Neste processo e o agricultor pode alcançar o máximo rendimento com a ajuda de uma agricultura protegida.
Baeza et al. (2009) dizem que para aumentar a ventilação em áreas quentes, a combinação da ventilação do telhado e das paredes laterais garante taxas de ventilação mais altas, tanto em condições de vento como em condições de vento fraco ou nulo, a ventilação natural impulsionada pela flutuação através do efeito de estacas.As aberturas de ventilação estão equipadas com a maioria das estufas para melhorar o microclima para o crescimento dos vegetais. As aberturas de ventilação estão equipadas com a maioria das estufas para melhorar o microclima para o crescimento dos vegetais. As pragas e insectos podem entrar por estas janelas, por isso o agricultor deve cobrir as aberturas total e permanentemente com telas de malha fina para parar os ataques de pragas, uma vez que o tamanho das pragas pode ser muito pequeno e são necessárias telas de malha muito fina para parar a sua entrada. Os insectos estão em abundância durante as estações quentes das monções, quando é necessária uma ventilação elevada tanto para as plantas como para os trabalhadores (Teitel, 2001).
Klose e Tantau, (2004) concluíram que o uso de telas de insetos diminuiu a penetração de insetos e aumentou a taxa de ventilação, mas pode diminuir a transmissão de luz ao criar sombra sobre a cultura. Este efeito de sombra aumenta nas áreas poluídas devido ao aumento de poeira nas telas. A transmissão de luz nas estufas pode ser afetada por fatores adicionais como componentes estruturais, roscas da peneira e sujeira no ar.
Baeza et al. (2009) dizem que, em condições normais, a ventilação é realizada através de forças de flutuação. Quando quase não há vento, o efeito da flutuação térmica sobre a ventilação é de interesse primário. A velocidade do vento acima de 2 m/s aumenta o processo de ventilação. Perez-Parra (2002) diz que dois métodos de ventilação em estufa são a sotavento e a barlavento. Nas áreas quentes, a ventilação a barlavento é preferível à ventilação a sotavento porque a ventilação a barlavento aparentemente melhora a taxa de ventilação. Devido à

temperatura da ventilação a barlavento será menos uniforme dentro da estufa. Flores (2010) afirma que no processo de ventilação a barlavento o fluxo externo separa-se da estrutura da estufa na crista do primeiro vão a barlavento e faz uma área de baixa velocidade acima dos vãos seguintes. O ar da estufa sai da estufa através do primeiro ventilador do telhado, faz um fluxo interno que é oposto ao fluxo externo. Quanto à ventilação a barlavento, o primeiro ventilador desempenha um papel significativo no processo de troca de ar.

A história abrangente do sistema de produção hidropônica desde a data antiga, há vários anos aC, até o desenvolvimento moderno do sistema hidropônico.

Period	Development	Region	Activity	Crop	Reference
Ancient time dating back to several hundred years BC	Soilless plant growing	Egyptian hieroglyphic records	The growing of plants in water in the Nile without soil.	Plants	(RAIN's, 2016)
Theophrastus (327-287 BC) first century AD	Botanical studies by Dioscorides		Before the era of Aristotle, experiments in crop nutrition.	Crops	(RAIN's, 2016)
1600	Identification of role of water in plant growth		Belgian Jan van Helmont in his classical experiment found that plants obtain substances from water.	Plants	(RAIN's, 2016)
1600	Various techniques were tested to guard against the cold.	USA	glass lanterns, bell jars, cold frames and hot beds covered with glass	horticultural crops	(Buwalda et al., 2013)
1699	First man-made hydroponics nutrient solution development		John Woodward, a fellow of the Royal Society of England, raising plants in water having different types of soil and found that the high growth occurred in water which contained the moist soil.	Plants	(RAIN's, 2016)
1700	Warming of the plant environment	USA	low portable wooden frames enclosed with an oiled translucent paper	Plants	(Buwalda et al., 2013)

Period	Development	Region	Activity	Crop	Reference
1700	Green house heating	France &England	Heating with manure and covered with glass panes	Plants	(Buwalda et al., 2013)
1700	First green house built	USA	They worked with glass on one side only as a sloping roof	Plants	(Buwalda et al., 2013)
Mid 1700	Glass house heating	USA	Glass was used on both sides	melons, grapes, peaches & strawberry	(Buwalda et al., 2013)
1925	complete nutrient solutions	US	Introduction of new nutrient solutions	Plants	(Buwalda et al., 2013)
1925 and 1935	Media for growth Irrigation development	New Jersey Agricultural Exp. Station	-Use of sand culture method -introduction of the sub-irrigation system	Plants	(Buwalda et al., 2013)
1929	Plant Pills Grow Bumper crop	USA	Introduced plant pills as nutrient solution for the farmer sand growers	Flowers, fruits	(Dunn, 1929)
1938	Use of several nutrient solutions	California, USA	First use term of Hydroponics published "The Water Culture Method for Growing Plants without Soil,"	Flowers & vegetables	(Hoagland & Arnon, 1938)
Post-W.W.II	Media for growth	Southwest US	gravel culture	tomatoes and cucumber	(Buwalda et al., 2013)

Period	Development	Region	Activity	Crop	Reference
1944	Use of artificial culture methods to test the functions in plant metabolism of inorganic nutrients,		The function of colloids in inclusion of ions, horticultural and agronomical troubles, and commercial production of crops.	Crops	(Amon & Hoagland, 1944)
1948	Professor Emery Myers Emmert at the University of Kentucky	US	Use of polyethylene as a greenhouse cover	Plants	(Buwalda et al., 2013)
1960	Hydroponic Research and Development program	University of Arizona	Production of tomato in green house	Tomato	(T. Vermeulen, 2014)
1960	Plastics were used not only in the glazing of greenhouses, but also in lining the growing beds	USA	introduction of drip irrigation Mulching	Media for growth	(Buwalda et al., 2013)
1973	numerous promotional schemes involving hydroponics	US	Escalating oil prices, starting in, substantially increased the costs of CEA heating and cooling	Plants	(Buwalda et al., 2013)
Seventies	huge investments made in hydroponic growing	US, Holland	Hydroponics production system developing stage	Cucumber, tomato	(Buwalda et al., 2013)
1990	Controlled Environmental Agriculture	USA	CEA/hydroponic systems	vegetables	(Buwalda et al., 2013)
2003	Introduction of Hydroponics technology in Pakistan	Pakistan	Farmers Market started operations & installed 5 Green houses	Tomato	(FMP, 2013)
2007-08	Test crop sown	Pakistan	Sowing of crop	Tomato and bell pepper	UAAR. 2014
2010	Construction of green house	USA	Emphasis on site selection, structures, the growing system, pest control and markets.	Vegetables	(Buwalda et al., 2013)
2011	Research on fodder factory	India	Production of hydroponics fodder	fodder	(Al-Karaki & Al-Hashimi, 2011)

Os sistemas Múltiplos de agricultura sem solo no campo do Céu ou agricultura vertical

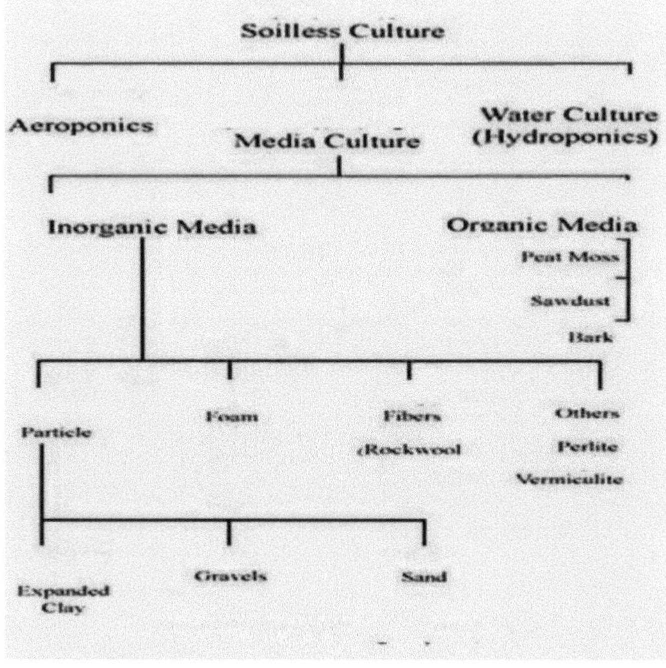

Meios de comunicação do solo menos

Fonte: Hydroponics 101 - UF/IFAS Office of Conferences & Institutes
conference.ifas.ufl.edu

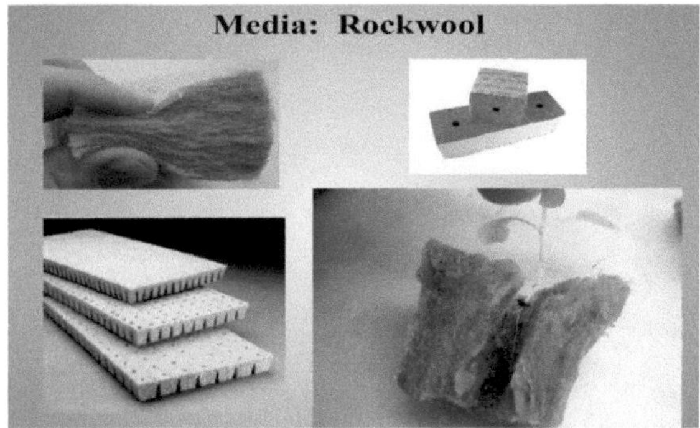

Fonte: Hydroponics 101 - UF/IFAS Office of Conferences & Institutes
conference.ifas.ufl.edu

Media: Clay Pellets

Sistemas de cultivo sem solo para o céu

Tecnicamente, a agricultura vertical é a prática da agricultura de solo menos/ ambiente controlado (S/CEA) dentro dos limites de alta densidade de edifícios de vários andares. como o nome sugere, S/CEA consiste no cultivo de plantas em ambientes confinados onde a luz, a temperatura, a água e a nutrição podem ser finamente controladas. Para apreciar os benefícios do cultivo de alimentos no interior da agricultura vertical, considere as incompatibilidades da produção de alimentos humanos e o temperamento do mundo natural. A agricultura, seja ela industrial ou orgânica, é estruturada para maximizar a produção de biomassa comestível (isto é, alimentos), enquanto os ecossistemas naturais são estruturados para maximizar sua própria estabilidade.5 Esses objetivos conflitantes asseguram que o sucesso de um impeça o sucesso do outro. A sucessão natural e a variabilidade climática impedem grandemente a produção de alimentos em todo o mundo, forçando bilhões a serem gastos em produtos químicos de manejo de pragas e modificação genética de espécies vegetais. Ao mesmo tempo, as altas taxas de desmatamento, desertificação, erosão do solo e salinização do solo, observadas anteriormente, são principalmente devidas à expansão da agricultura, enquanto o declínio dos ecossistemas aquáticos é em grande parte o resultado de fertilizantes agrícolas, pesticidas, herbicidas e lixiviação de antibióticos para o ciclo da água. Vantagens da Tecnologia agricultura vertical 30% de economia nos custos de eletricidade com LEDs 50-70% de redução na taxa de consumo de água 20% de economia nos custos de mão-de-obra Melhor gestão do valor nutricional Diminuição do tempo de produção Entrega mais rápida ao mercado, restaurante O gosto influenciado por uma redução significativa de bactéria

SISTEMAS DE SOLOS SEM TERRA

Actualmente, existem quatro tipologias básicas aplicáveis ao cultivo de culturas de porta em escala comercial. Estas consistem em:

1- TABELA DE QUADROS

O desenho da "treliça" da estrutura A foi o primeiro sistema hidropônico de sucesso comercial a exibir uma orientação vertical. As variedades deste desenho consistem em tubos configurados vertical ou horizontalmente para formar uma extrusão triangular da sua pegada, aumentando assim a superfície de crescimento disponível sem reduzir significativamente o acesso à luz solar. A principal vantagem do desenho da estrutura em A é a sua simplicidade, uma vez que atinge um alto grau de eficiência espacial, utilizando tecnologia que tem sido padrão na indústria hidropônica por décadas.

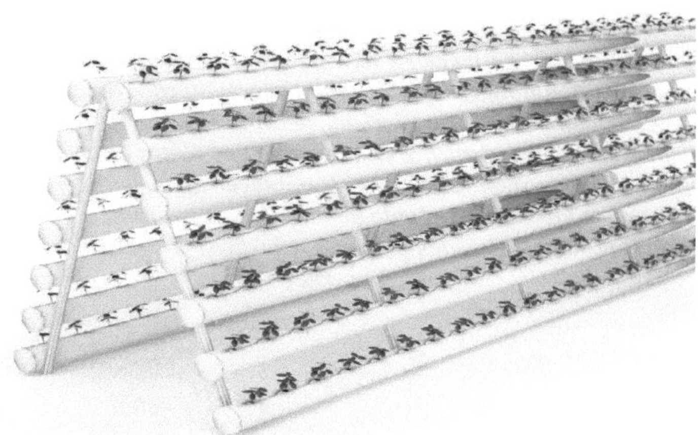

2-BEDS EMBALAGEM

Muito parecido com o design da estrutura A, a configuração das "camas empilhadas" é extremamente reta em conceito e tecnologia. O design é meramente um empilhamento dos leitos de tubos padrão em linha que continuam sendo o sistema de escolha para fazendas hidropônicas comerciais. Tal como a ramificação dos pisos estratificados numa quinta vertical, a configuração empilhada do design não permite que a luz solar penetre em cada camada, tornando a iluminação artificial uma necessidade. O melhor exemplo comercial da abordagem do leito empilhado é o design utilizado pela TerraSphere Systems, que implementou sistemas com camadas de fi ve de superfície de crescimento dentro de um piso de 3 metros de altura até o teto.

Sistemas TerraSphere

3- DROGAS ESTACADAS

o design do jardim omega é tão eficiente que não é necessária luz solar para o cultivo de alimentos. Isto torna-a a tecnologia agrícola vertical perfeita em comparação com qualquer tipo de design de iluminação externa. Uma instalação acre deste tipo pode ser operada virtualmente em qualquer lugar e crescer quantidades iguais a 100s de acres de produção durante todo o ano. Crescer sob pressão aumentada em silos herméticos altamente controlados cultivando alimentos super limpos, super-rápidos . Usando apenas ar e água altamente filtrados e livres de contaminantes para a máxima segurança alimentar. A rotação do jardim distribui Auxins (hormônios de crescimento das plantas) através da planta, reforçando e acelerando as taxas de crescimento, também auto polinizando, pois as plantas aéreas irão cair pólen sobre as plantas abaixo . o sistema também se presta extremamente bem à automação. Os jardins são removidos para uma área de processamento para alcançar maior eficiência.

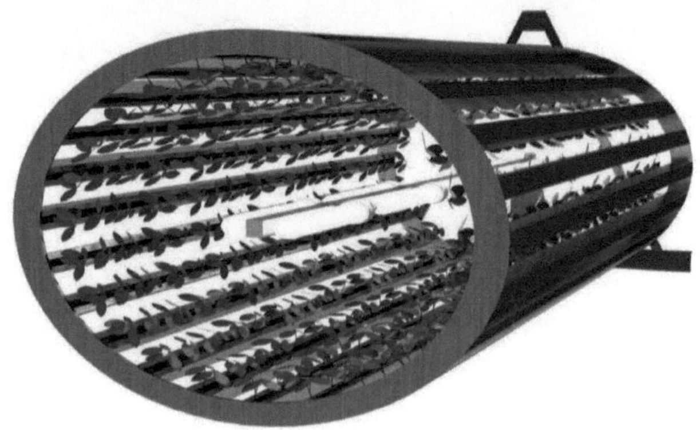

DROGAS ESTACADAS

www.gardenfreshfarms.com

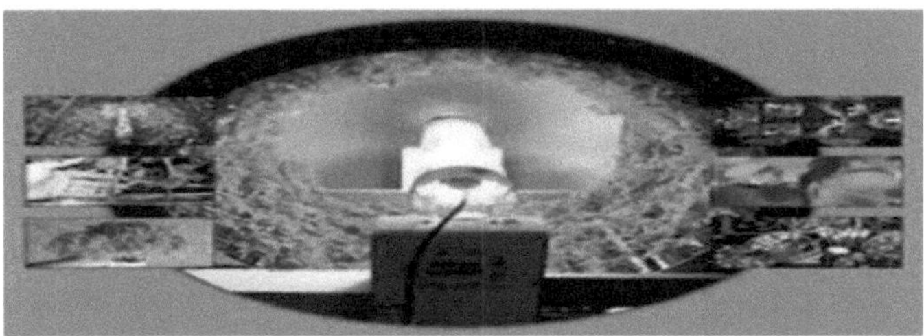

Vista interior de ervilhas crescendo dentro de um sistema hidropônico de tambor
Omega Garden - Qualicum Beach, British Columbia, Canadá

Jardim Ómega

Minha imaginação sobre a agricultura vertical dentro da fazenda Monolithic Domes vertical Embora seja o sistema hidropônico comercial menos comum listado aqui, o design do tambor provavelmente oferece a maior promessa para o futuro da agricultura interior. Consiste no cultivo de plantas no interior de uma estrutura de tambor posicionado em torno de uma fonte de luz artificial central, resultando em um espaço extraordinariamente baixo e uso de energia por unidade de produção. O primeiro exemplo divulgado deste design surgiu no final dos anos 70, a partir do Laboratório de Investigação Ambiental da Universidade do Arizona. Hoje a variante mais popular é produzida pela Omega Garden™ de Victoria, B.C., que apresenta um mecanismo que faz girar o tambor através de uma bandeja contendo solução nutriente.

4-Aeropónica,

Aeropônicos, desenvolvidos para a NASA e outros, ficam pendurados no ar em torno das raízes da planta. A planta tem sido esta técnica não requer um meio ou substrato de crescimento. No entanto, algo deve manter a planta no lugar. O chamado bico de pulverização dosa a água, incluindo os nutrientes, muito precisa como um nevoeiro nas raízes.

Os benefícios são da aero-eletrônica:

*As raízes da planta podem crescer livremente e, elas têm sempre acesso a ;oxigénio, água e nutrientes suficientes

*A planta não precisa de um meio de crescimento.

*Aeropónica pode poupar até 65% de água, em relação à hidropónica

*As condições estão muito bem controladas, para manter

*Em princípio, todos os tipos de culturas podem ser usados com esta técnica de cultivo

*Em geral, as plantas têm aeroponicsa, maior taxa de crescimento

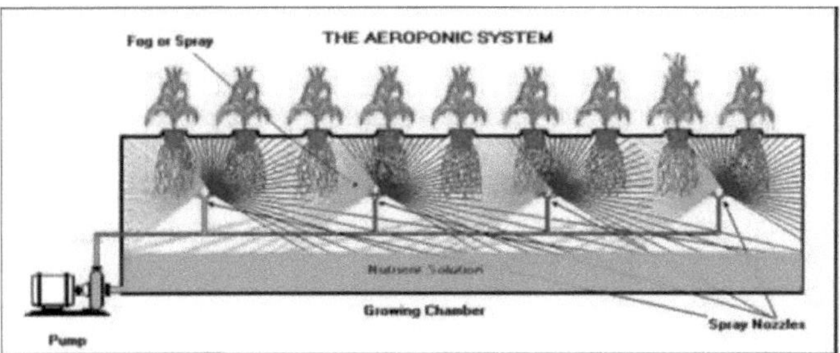

Solução em Nutrientes Puros de Água do Mar para Plantas de Interior

INTRODUÇÃO

Um oceano é um grande corpo de água salgada, e um componente principal da hidrosfera. Aproximadamente 71% da superfície da Terra (uma área de cerca de 361 milhões de quilômetros quadrados) é coberta pelo oceano, um corpo contínuo de água que é normalmente dividido em vários oceanos principais e mares menores. Mais da metade desta área tem mais de 3.000 metros (9.800 pés) de profundidade. A salinidade média oceânica é de cerca de 35 partes por mil (ppt) (3,5%), e quase toda a água do mar tem uma salinidade na faixa de 31 a 38 ppt. A área do Oceano Mundial é de 361 milhões de quilômetros quadrados (139 milhões de metros quadrados), seu volume é de aproximadamente 1,3 bilhões de quilômetros cúbicos (310 milhões de cu mi), e sua profundidade média é de 3.790 metros (12.430 pés). Quase metade das águas marinhas do mundo tem mais de 3.000 metros (9.800 pés) de profundidade. As vastas extensões do oceano profundo (qualquer coisa abaixo de 200m) cobrem cerca de 66% da superfície da Terra. A massa total da hidrosfera é de cerca de 1,4 × 1021 kg, o que representa cerca de 0,023% da massa total da Terra. Menos de 2% é água doce, o resto é água salgada, principalmente no oceano. Embora geralmente reconhecidas como vários oceanos "separados", estas águas compreendem um corpo global e interligado de água salgada, muitas vezes referido como o Oceano Mundial ou oceano global, o que inclui: O Oceano Pacífico, o Oceano Atlântico, o Oceano Índico, o Oceano Sul e o Oceano Árctico. Devemos Fornecer a água necessária para a agricultura para superar a escassez de alimentos e otimizar o uso da água. A água do mar pode ser considerada uma importante fonte natural de água doce, peixes e algas, por outro lado, a água do mar pura contém mais de 90 elementos em uma solução cristalóide inorgânica ideal para absorção pelas raízes das plantas. Todos estes elementos são usados pelas plantas para se protegerem de doenças. As plantas absorvem os elementos inorgânicos e os transformam em compostos orgânicos (pela adição de um átomo de carbono) que podem ser utilizados por animais e seres humanos. Os compostos orgânicos são assimilados pelo corpo humano para a saúde e vitalidade. O sal, mesmo o melhor sal marinho que contém tantos minerais vestigiais, não é adequado ou bom para a nossa saúde porque o nosso corpo não é capaz de assimilar suficientemente os nutrientes inorgânicos e os oligoelementos nele contidos. A utilização de nutrientes oceânicos para nutrir as plantas é a forma ideal de ter disponíveis todos os nutrientes orgânicos vitais para o consumo humano. Existe um equilíbrio subtil de elementos necessários no solo para que as plantas sintetizem a sua química completa. Os fertilizantes modernos tentam fornecer uma grande quantidade de uma determinada combinação de elementos. No entanto, a presença ou ausência de um oligoelemento pode ser o fator decisivo para determinar se um elemento necessário é absorvido pelo sistema radicular da planta. Um equilíbrio adequado de elementos encontrados em nutrientes oceânicos puros de água do mar é o fornecimento ideal de nutrientes para o cultivo de culturas pendentes. Esta é a forma mais rentável para o cultivo de alimentos saudáveis. O sal, mesmo o melhor sal marinho que contém tantos minerais vestigiais, não é adequado ou bom para a nossa saúde porque o nosso corpo não é capaz de assimilar suficientemente os nutrientes inorgânicos e os oligoelementos nele contidos. A utilização de nutrientes oceânicos para nutrir as plantas é a forma ideal de ter disponíveis todos os nutrientes orgânicos vitais para o consumo humano. Existe um equilíbrio subtil de elementos necessários no solo para que as plantas sintetizem a sua química completa. Os fertilizantes modernos tentam fornecer uma grande quantidade de uma determinada combinação de elementos. No entanto, a presença ou ausência de um oligoelemento pode ser o factor decisivo para determinar se um elemento necessário é absorvido pelo sistema radicular da planta. Um equilíbrio adequado de elementos encontrados em nutrientes oceânicos puros de água do mar é o fornecimento ideal de nutrientes para o cultivo de culturas pendentes. Esta é a forma mais rentável para o cultivo de alimentos saudáveis. Há um milagre na água do oceano. Ela tem um equilíbrio de nutrientes essenciais para sustentar a vida. Há uma semelhança notável entre a análise de elementos no sangue humano e na água pura do mar. Tanto a água do mar como o sangue humano contêm uma quantidade substancial de cloreto de sódio que está em equilíbrio com os oligoelementos, o que torna a mistura benéfica para o sustento humano e das plantas. Desde o advento da agricultura industrial, tem havido uma erosão contínua do solo superficial. Isto é devido ao conhecimento incompleto da manutenção do solo pelos agricultores com fins lucrativos e seus fornecedores de fertilizantes. Ao ignorar a complexa química do manejo do solo, os agricultores, sob o conselho de cientistas do solo financiados pela indústria, adicionam fertilizante nitrogênio-fósforo-potássio (NPK) ao seu solo superior para aumentar o rendimento. (Na melhor das hipóteses, os agricultores melhoram o fertilizante NPK com mais três a dez nutrientes vitais). Isto esgota gradualmente o solo superficial de oligoelementos essencialmente vitais e leva à produção de grãos e vegetais que contêm menos da metade dos nutrientes vitais que ocorrem naturalmente. A ingestão contínua de tais alimentos abaixo do padrão, embora grande a granel, mas com pouca vitalidade, é um fator que contribui para uma saúde precária. A questão é como reabastecer o solo superior para a produção de plantas nutricionais saudáveis e de espectro completo que forneçam todos os nutrientes vitais para o sustento humano saudável? Há um segredo na "água do mar ativada" que pode resolver os problemas nutricionais da humanidade. Um pé cúbico de água do mar sustenta muito mais organismos vivos do que o seu equivalente de solo. De fato, mais de noventa dos Elementos da Mesa Atômica (com exceção dos gases) estão misteriosamente presentes em uma solução de equilíbrio e proporção consistente na água do mar. Quando a água do mar é utilizada em proporção adequada e ativada por uma tecnologia aeróbica, ela se torna o nutriente ideal para o solo e para a produção de plantas saudáveis e nutritivas. O sal por si só destruirá o solo e as plantas, mas a água do mar activada vitalizará miraculosamente o solo e as plantas com todos os nutrientes vitais para manter uma vida saudável. O aumento das doenças pode ser revertido e a deterioração da velhice retardada por uma dieta nutricional completa e equilibrada. As doenças e a velhice são causadas por deficiências nutricionais. A maioria das células do corpo são substituídas a cada dezoito meses (até sete anos). Se elementos vitais não são fornecidos pela nossa dieta quando ocorre a divisão celular, há uma erosão gradual até que os nutrientes essenciais não estejam presentes nas células. Esta é a principal causa de doenças e da velhice. Quando jovem, testemunhei o desaparecimento do meu pai que era um fumador em cadeia (quatro maços de Chesterfields por dia) e uma aberração do café. Ele bebia de seis a doze chávenas por dia com açúcar e natas. Quando ele tinha quarenta e seis anos, todos os seus dentes foram removidos porque estavam podres. A sua dieta era muito pobre. Ele comia muita carne e pequenos legumes e grãos inteiros. Aos cinquenta anos de idade ele era prematuro e morreu de câncer quando tinha cinquenta e seis anos de idade. A dieta do meu pai carecia dos nutrientes vitais necessários para manter uma vida longa e saudável.

Detailed Composition of Seawater
at 3.5% salinity

Element	At.weight	ppm	Element	At.weight	ppm
Hydrogen H2O	1.00797	110,000	Molybdenum Mo	0.09594	0.01
Oxygen H2O	15.9994	883,000	Ruthenium Ru	101.07	0.0000007
Sodium NaCl	22.9898	10,800	Rhodium Rh	102.905	.
Chlorine NaCl	35.453	19,400	Palladium Pd	106.4	.
Magnesium Mg	24.312	1,290	Argentum (silver) Ag	107.870	0.00028
Sulfur S	32.064	904	Cadmium Cd	112.4	0.00011
Potassium K	39.102	392	Indium In	114.82	
Calcium Ca	10.08	411	Stannum (tin) Sn	118.69	0.00081
Bromine Br	79.909	67.3	Antimony Sb	121.75	0.00033
Helium He	4.0026	0.0000072	Tellurium Te	127.6	.
Lithium Li	6.939	0.170	Iodine I	166.904	0.064
Beryllium Be	9.0133	0.0000006	Xenon Xe	131.30	0.000047
Boron B	10.811	4.450	Cesium Cs	132.905	0.0003
Carbon C	12.011	28.0	Barium Ba	137.34	0.021
Nitrogen ion	14.007	15.5	Lanthanum La	138.91	0.0000029
Fluorine F	18.998	13	Cerium Ce	140.12	0.0000012
Neon Ne	20.183	0.00012	Praesodymium Pr	140.907	0.00000064
Aluminium Al	26.982	0.001	Neodymium Nd	144.24	0.0000028
Silicon Si	28.086	2.9	Samarium Sm	150.35	0.00000045
Phosphorus P	30.974	0.088	Europium Eu	151.96	0.0000013
Argon Ar	39.948	0.450	Gadolinium Gd	157.25	0.0000007
Scandium Sc	44.956	<0.000004	Terbium Tb	158.924	0.00000014
Titanium Ti	47.90	0.001	Dysprosium Dy	162.50	0.00000091
Vanadium V	50.942	0.0019	Holmium Ho	164.930	0.00000022
Chromium Cr	51.996	0.0002	Erbium Er	167.26	0.00000087
Manganese Mn	54.938	0.0004	Thulium Tm	168.934	0.00000017
Ferrum (Iron) Fe	55.847	0.0034	Ytterbium Yb	173.04	0.00000082
Cobalt Co	58.933	0.00039	Lutetium Lu	174.97	0.00000015
Nickel Ni	58.71	0.0066	Hafnium Hf	178.49	<0.000008
Copper Cu	63.54	0.0009	Tantalum Ta	180.948	<0.0000025
Zinc Zn	65.37	0.005	Tungsten W	183.85	<0.000001
Gallium Ga	69.72	0.00003	Rhenium Re	186.2	0.0000084
Germanium Ge	72.59	0.00006	Osmium Os	190.2	
Arsenic As	74.922	0.0026	Iridium Ir	192.2	.
Selenium Se	78.96	0.0009	Platinum Pt	195.09	.
Krypton Kr	83.80	0.00021	Aurum (gold) Au	196.967	0.000011
Rubidium Rb	85.47	0.120	Mercury Hg	200.59	0.00015
Strontium Sr	87.62	8.1	Thallium Tl	204.37	
Yttrium Y	88.905	0.0000013	Lead Pb	207.19	0.00003
Zirconium Zr	91.22	0.000026	Bismuth Bi	208.980	0.00002
Niobium Nb	92.906	0.000015	Thorium Th	232.04	0.0000004
			Uranium U	238.03	0.0033
			Plutonimu Pu	(244)	

ppm= parts per million = mg/litre = 0.001g/kg.
Source: Karl K Turekian: *Oceans*. 1968. Prentice-Hall
Reprinted by: SeaAgri, inc. PO Box 88237 Dunwoody, GA 30356 770-361-7003

A água do mar pura contém mais de 90 elementos numa solução cristalóide inorgânica que é ideal para absorção pelas raízes das plantas. Todos estes elementos são utilizados pelas plantas para se protegerem de doenças. As plantas absorvem os elementos inorgânicos e os transformam em compostos orgânicos (através da adição de um átomo de carbono) que podem ser utilizados por animais e seres humanos. Os compostos orgânicos são assimilados pelo corpo humano para a saúde e vitalidade. Os compostos inorgânicos não são facilmente assimilados. Comer sal, mesmo o melhor sal marinho que contém tantos minerais vestigiais, não é adequado ou bom para a nossa saúde porque o nosso corpo não é capaz de assimilar suficientemente os nutrientes inorgânicos e os oligoelementos nele contidos. Utilizar os nutrientes dos oceanos para nutrir as plantas é a forma ideal de ter disponíveis todos os nutrientes orgânicos vitais para o consumo humano. Existe um equilíbrio subtil de elementos necessários no solo para que as plantas sintetizem a sua química completa. Os fertilizantes modernos tentam fornecer uma grande quantidade de uma determinada combinação de elementos. No entanto, a presença ou ausência de um oligoelemento pode ser o fator decisivo para determinar se um elemento necessário é absorvido pelo sistema radicular da planta. Um equilíbrio adequado de elementos encontrados em nutrientes oceânicos puros de água do mar é o fornecimento ideal de nutrientes para o cultivo de culturas pendentes. Esta é a forma mais rentável para o cultivo de alimentos saudáveis. A desinformação está sendo difundida hoje em dia de que a "solução a longo prazo para a crise alimentar é o desenvolvimento de novos híbridos de culturas produtivas e a difusão da moderna tecnologia agrícola em todo o mundo em desenvolvimento". O que é necessário na verdade é uma gestão adequada do solo e dos meios de cultivo para que a produção agrícola seja genuinamente nutritiva. Tais alimentos nutritivos têm o benefício adicional de proteger humanos e animais contra doenças e envelhecimento precoce. É um facto que os animais que se alimentam da terra são em geral menos saudáveis do que as criaturas que vivem no oceano. Isto é devido à erosão dos nutrientes da terra por causas artificiais e naturais. O aumento da população e da poluição juntamente com a perda de terras agrícolas e o desmatamento acelerou a lixiviação dos nutrientes vitais do solo pela neve e pela chuva e diminuiu a qualidade nutricional das plantas. Estes nutrientes vitais acabam por ser arrastados para os oceanos por riachos e rios. A fertilidade mineral na terra é lavada para os oceanos. Assim, as plantas que crescem na água dos oceanos têm um espectro completo de nutrientes disponíveis e as criaturas marinhas que se alimentam deles permanecem mais saudáveis. As criaturas marinhas geralmente estão livres de câncer, endurecimento das artérias e artrite. A resistência às doenças das plantas e animais marinhos é muitas vezes melhor do que as suas contrapartes que vivem em terra. As criaturas marinhas também resistem muito melhor aos sintomas do envelhecimento do que as criaturas terrestres. Uma das principais razões para isso é o aumento do valor nutricional da vegetação marinha. Por exemplo, a truta de água doce desenvolve cancro terminal do fígado com a idade média de 5 anos ½ anos. A truta de água do mar quase nunca contrai câncer. Quase todos os animais terrestres desenvolvem arteriosclerose, no entanto, as criaturas marinhas nunca contraem. Mamíferos marinhos como baleias, focas e botos têm uma saúde mais vigorosa e longevidade do que espécies terrestres semelhantes de mamíferos. Todos estes sintomas positivos de criaturas marinhas aparecem atribuíveis à cadeia alimentar superior do mar. Embora haja uma grande variedade de alimentos para comer, os humanos ainda sofrem de doenças degenerativas e estão sujeitos ao envelhecimento prematuro e à sua falta de vitalidade mais cedo do que o esperado. A expectativa de vida normal deve ser de cem anos de vida activa e saudável. Existem, no entanto, tantos médicos, hospitais, companhias de medicamentos e suplementos, e despesas médicas elevadas nos EUA que indicam o nosso mau estado de saúde. Uma solução simples seria fornecer as pessoas com os nutrientes necessários para uma saúde máxima. Esses nutrientes precisam estar em um estado orgânico, como açúcares, aminoácidos, gorduras e óleos. Não podemos assimilar facilmente elementos como minerais, ferro, cálcio, potássio, etc., a não ser que estes estejam ligados ao carbono. As plantas convertem elementos inorgânicos em compostos orgânicos que podem ser assimilados pelo homem. A água do mar parece ter um equilíbrio perfeito de elementos essenciais numerados acima de noventa minerais vestigiais essenciais. Os seres humanos não são capazes de beber água do mar ou ingerir sal marinho sem incorrer em efeitos adversos. O sal de mesa comum é muito prejudicial para a saúde porque se esgota de todos os seus oligoelementos minerais. É quase completamente cloreto de sódio. Quatro ou mais colheres de chá de tal sal de mesa ingerido de uma vez é letal para os seres humanos. No entanto, a água do mar é uma mistura ideal de sódio e cloro com mais noventa oligoelementos que protegem a sua toxicidade. Na verdade, na diluição adequada, o sódio ajuda na assimilação de outros minerais. A água do mar é uma solução milagrosa de oligoelementos minerais que atua sinergicamente para rejuvenescer a vida quando utilizada adequadamente. Os agricultores estão atentos ao sal. Eles insistem que o sal mata as plantas como um pesticida ou veneno. Isto é verdade no caso do sal de mesa, que é inorgânico. Por exemplo, um talo de aipo tem tanto cloreto de sódio quanto podemos adicionar às porções normais de alimentos cozidos. O aipo não é excluído das dietas sem sal, porque o sal na forma orgânica não é tóxico. Só o sal inorgânico é que é tóxico em excesso. A água do mar pura, no entanto, é uma mistura perfeitamente equilibrada que promoverá o crescimento saudável das plantas quando devidamente diluída e melhorada com uma cultura microbiana aeróbica. Os oligoelementos presentes nesse meio tornam-se disponíveis para que as plantas os absorvam e os tornem biodisponíveis para o consumo humano. Existe ainda um mistério em torno da necessidade de consumir oligoelementos, alguns dos quais são venenosos quando tomados em excesso, mas essenciais em quantidades muito pequenas para manter uma saúde óptima. A agricultura moderna ignora estes mistérios e concentra-se nos fertilizantes NPK enriquecidos talvez com seis ou mais minerais. Portanto, as pessoas consomem cada vez mais vegetais, frutas e outros alimentos de aparência mais bonita, mas não estão recebendo todos os nutrientes vitais para manter uma boa saúde. Ao cultivar plantas de interior, é importante alimentá-las com uma proporção equilibrada de nutrientes vitais. Ocean Nutrient Solution é uma fonte completa e equilibrada de mais de oitenta minerais vestigiais que as suas plantas podem absorver selectivamente para o seu máximo benefício. É prática geral usar fertilizantes baseados em três elementos principais: nitrogênio, fósforo e potássio (NPK). Esta é uma simplificação grosseira que ignora a sinergia dinâmica e o equilíbrio inerente à química da natureza quando todos os micronutrientes vestigiais estão presentes. Ao sobredosear a sua terra com alguns minerais, os agricultores esgotam a vitalidade do seu solo e gradualmente envenenam a sua terra e o lençol freático. Mais recentemente, os produtores progressivos reconhecem a importância dos micronutrientes. Eles utilizam até dezesseis elementos em suas aplicações de nutrientes vegetais. A água pura do oceano não adulterada contém oitenta elementos mais estáveis (e mais instáveis) numa solução cristalóide inorgânica pronta para ser absorvida pelas raízes de uma planta. A ciência ainda não provou ser essencial (para uma boa saúde) todos os elementos da tabela periódica. Gradualmente, análises químicas sofisticadas estão descobrindo os benefícios diretos e indiretos dos minerais traços um por um. É apenas uma questão de tempo até que todos os elementos sejam considerados essenciais ou pelo menos benéficos pelos fisiologistas das plantas. O Dr. Maynard Murray, um pesquisador e visionário da agricultura sustentável fez a seguinte analogia em seu livro, Sea Energy Agriculture: "Se um solo é como uma mina com sua miríade de elementos, então sempre que o homem o cultiva, planta e de outras formas se dedica à agricultura, ele está, para todos os fins práticos, engajado no negócio da mineração. Como um mineiro, o agricultor quebra a terra com ferramentas de escavação, mas em vez de dinamite, ele planta sementes para soltar os minerais e elementos da sua matriz de exploração. E finalmente, ele extrai seus minerais sob a forma de alimento em vez de minério". Os agricultores, através de estratégias convencionais de fertilizantes, muitas vezes substituem apenas três a seis do número total de elementos removidos do solo. Esta é a tragédia da agricultura moderna e da agro-indústria. A incapacidade de compreender a importância de todos os elementos e seu papel no fornecimento de uma nutrição completa e equilibrada para plantas e animais resultou em uma abundância de alimentos que é grande em volume, mas baixa em vitalidade. Ocean Nutrient Solution é um equilíbrio perfeito de nutrientes para a sustentação de plantas saudáveis. Como as plantas consomem quantidades minúsculas de nutrientes, é importante não ter uma overdose. Quando as plantas não parecem estar bem, é devido a uma falta (ou sobredosagem) de minerais em proporção adequada. Elas podem ser subnutridas com minerais vitais, sobredosagem de certos nutrientes mas sem um equilíbrio subtil de outros micronutrientes, ou não regadas adequadamente (ou demasiado ou demasiado pouco). Quanto mais fornecermos os minerais adequados nas proporções ideais, melhor será o desenvolvimento das plantas. Um índice rápido para julgar o estado das suas plantas é o seguinte: folhas amarelas indicam excesso de rega, folhas enroladas indicam uma falta de minerais. Por vezes é possível trazer de volta à vida plantas aparentemente mortas alimentando-as de Ocean Nutrient Solution com peróxido de hidrogénio de qualidade alimentar (para matar os bolores e outras infestações bacterianas nas raízes do solo). Ocean Nutrient Solution utilizado judiciosamente é o nutriente vegetal ideal porque contém mais de oitenta minerais vestigiais num equilíbrio perfeito, juntamente com bactérias aeróbicas vivas que protegerão o seu solo de patogénios insalubres. Quando as plantas são devidamente nutridas, elas resistem naturalmente às pragas e aos patogénios. Um investigador na Florida estudou as pragas vegetais e concluiu que as antenas de um insecto podem detectar quando uma planta está sem nutrientes. Eles sentem que a planta não é capaz de se sustentar e por isso atacam tais plantas. Alimentando cuidadosamente suas plantas Ocean Nutrient Solution lhes dará a oportunidade de absorver minerais vitais de um espectro completo de mais de 80 oligoelementos. As suas plantas permanecerão vibrantes, resistentes às doenças e aos insectos sem necessidade de qualquer outro fertilizante ou pesticida. (Se as pragas ainda persistem em atacar as suas plantas por qualquer razão, então você pode usar o óleo Hinoki do tio Harry (25 gotas para um litro de água e pulverizar vigorosamente as plantas e as pragas ficarão longe). Como aplicar correctamente o Ocean Nutrient Solution às plantas de interior? Isto é crucial para resultados máximos. Como Ocean Nutrient Solution é uma água do mar concentrada, se você não a diluir corretamente e alimentar suas plantas em intervalos apropriados, você pode dosear em excesso. A água do mar contém muito sódio, portanto não pode ser utilizada sem a diluição adequada. Existem duas maneiras de abordar o método de diluição: uma é científica e a outra é de fácil utilização. Vou explicar o método de fácil utilização e explicar o método científico numa nota de rodapé. Cada planta tem uma necessidade diferente de micronutrientes. As orquídeas precisam de muito menos micronutrientes do que as batatas. Você pode destruir orquídeas se usar a mesma diluição que a necessária para as batatas. Dois fatores principais precisam ser considerados: o conteúdo mineral da sua fonte de água - o conteúdo mineral da água do poço pode ser significativamente diferente da água destilada; o conteúdo mineral do seu solo - o solo arenoso é diferente do solo que contém argila. Um solo mais pesado retém a água por muito mais tempo do que um solo arenoso. Portanto, um solo arenoso requer muito mais irrigação do que um solo argiloso. (Um terceiro factor essencial não relacionado com a diluição é que as plantas de interior necessitam de obter uma exposição diária ao ar fresco que lhes forneça uma fonte fresca de dióxido de carbono. Elas não se sairão bem se forem privadas de ar fresco diariamente. Elas precisam de um mínimo de quinze minutos de exposição diária ao ar fresco. A temperatura ambiente para as plantas de interior também é importante. Elas geralmente se dão bem a 65 a 70 graus. Por último, precisam de uma boa fonte de luz, seja natural ou de interior.)Segue-se um método de fácil utilização para utilizar a Ocean Nutrient Solution (assumindo que tem solo normal para vasos, não arenoso e não argiloso):No final desta página é fornecido um gráfico que indica a gama ideal de sólidos dissolvidos na Ocean Nutrient Solution para nutrir as suas plantas específicas. Para simplificar vamos dividir as plantas específicas em dois grupos. O primeiro grupo tem uma exigência de 1200 partes por milhão de sólidos dissolvidos (ou TDS) e acima para uma nutrição ideal. Para este grupo utilize Ocean Nutrient Solution da seguinte forma: dissolva uma onça de Ocean Nutrient Solution em 100 onças de água destilada. O segundo grupo de plantas necessita menos de 1200 partes por milhão de sólidos dissolvidos para a nutrição, portanto, dissolva uma onça de Ocean Nutrient Solution em 200 onças de água destilada. Como regra geral, utilize a Solução Nutriente Oceânico diluída apropriada para nutrir as suas plantas uma vez por mês. Às vezes, de acordo com as condições ambientais e a qualidade de retenção de água do seu vaso, você pode notar as folhas das suas plantas a enrolar ou a murchar. Isto é uma indicação de que a sua planta tem falta de minerais. Terá que alimentá-los imediatamente com a solução. Se a sua planta não se enrola ou murcha, então uma aplicação uma vez por mês é uma boa frequência para a nutrição. Sugerimos a utilização de água destilada para diluir a Solução Nutriente Oceânica concentrada, uma vez que a água destilada contém praticamente nenhum mineral dissolvido. Além da regra geral de uma aplicação mensal de Ocean Nutrient Solution, você deve regar suas plantas com água de boa qualidade regularmente, conforme a necessidade. A irrigação excessiva é indicada por folhas amarelas. Um bónus adicional da utilização de Ocean Nutrient Solution é o facto de equilibrar naturalmente o pH do seu solo sem utilizar qualquer outro aditivo. A natureza tem uma forma de multitarefa se você usar os seus recursos sem adulteração. (Método científico de utilização da Ocean Nutrient Solution: Você precisará comprar um medidor TDS (Você pode obter um por $ 39,00 do Uncle Harry's) TDS significa total de sólidos dissolvidos ou o peso total de todos os sólidos (minerais, sais ou metais) que são dissolvidos em um determinado volume de água. Este incrível instrumento pode verificar com precisão o nível de concentração adequado da Solução de Nutrientes Oceânicos para aplicações específicas em plantas.

Três passos fáceis:

Meça o TDS da água que você usa para diluir a Solução Nutriente Oceânica. Meça o TDS do solo do seu vaso no qual sua planta está crescendo. Verifique a gama ideal de TDS para o cultivo dos seus vegetais, ervas, flores ou frutos na tabela que fornecemos. Ajuste o TDS do Ocean Nutrient Solution para se adaptar à gama TDS da planta em particular que está a cultivar. Isto é feito adicionando ou reduzindo a quantidade de água que você usa para diluir o concentrado de Ocean Nutrient Solution. A diluição geral é de 100 partes de água para uma parte do concentrado de Ocean Nutrient Solution. De acordo com os níveis de TDS de sua água, solo e a faixa ideal de TDS para plantas, você aumentará a quantidade de água para diluição (para plantas que precisam de menos TDS para nutrição) ou diminuirá a quantidade de água para plantas que precisam de um TDS mais alto) Por exemplo, as flores de bromélias precisam de um TDS muito baixo para um bom crescimento, então você terá que diluir mais a solução de Ocean Nutrient Solution. O feijão precisa de um TDS muito alto, então você terá que diluir menos a solução de Nutriente Oceânico. Usando o medidor de TDS e ajustando-se adequadamente, você pode nutrir com precisão suas plantas para melhores resultados)Quando usado sabiamente, o Ocean Nutrient Solution fornecerá um alimento orgânico natural e barato para suas plantas. Quando as plantas têm um espectro completo de elementos naturais em uma proporção perfeita, elas têm a oportunidade de colher e escolher o que precisam para manter uma saúde ótima e resistência a pragas, bolores e doenças. Faça as suas plantas felizes alimentando-as com a Ocean Nutrient Solution.

LITERATURA CITADA

Ahmad, A., H. Iftikhar e G. M. Chaudhry. 2007. Recursos hídricos e estratégia de conservação do Paquistão. The Pakistan Development Review, 46 (4): 997-1009.

Ahmad, F. O., K. Khan, S. Sarwar, A. Hussain e S. Ahmad. 2007. Avaliação de desempenho de cultivares de tomate em alta altitude. Sarhad J. Agric., 23 (3): 582-585.

Albright, Louis (2004) CEA: Controlled Environment Agriculture http://www.cornellcea.com/about_CEA.htm

Annymous, 2014. Visão Paquistão 2025. Comissão de planejamento, ministério de planejamento, desenvolvimento e reforma. Governo do Paquistão. www.pc.gov.pk

ASABE, 1999. Aquecimento, ventilação e refrigeração de estufas. Norma ANSI/ASAE EP406.3.

Baeza, E. J., J. Pérez-Parra, J. Montero, J. I. Bailey, B. Lopez, J. C. e J. C. Gazquez, 2009. Análise do papel dos respiradouros laterais na ventilação natural com flutuabilidade em estufas do tipo parral com e sem ecrãs de insectos utilizando a dinâmica dos fluidos computacional. Biosys. Eng., 104(1): 86-96.

Biernbaum, J. 2006. Transplantes orgânicos em estufa. Conferência orgânica de Illinois (disponível em http://www.ipm.msu.edu/pdf/Biernbaum-Transplantes.pdf).

Black, B., D. Drost, D. Rowley e R. Helflebower. 2008. Construção de um túnel de baixo custo e alto. http://extension.usu.edu/files/publications/publication/ HG High Tunnels 2008-01pr.pdf 102 103

Blomgren, T., T. Frisch e S. Moore. 2007. Sem data. Túneis altos: usando tecnologia de baixo custo para aumentar o rendimento, melhorar a qualidade e prolongar a temporada. Universidade de vermont centro para a agricultura sustentável.

Bogovic, M. 2011. Cultivo hortícola hidropônico. Prot. Planta Mensageira. 34 (6): 12-16.

Borji, H., A. M., Ghahsareh e M. Jafarpour. 2010. Efeitos do substrato sobre o tomate em cultura sem solo. Res. J. Agric. Biol. Sci. 6 (6): 923- 927.

Bunschoten, B. e C. Pierik. 2003. Kassenbouw neemt weer iets toe. CBS Webmagazine (Centraal Bureau voor de Statistiek) (disponível em

<http://www.cbs.nl/nl-NL/default.htm>).

Bustomi R. A., M. Senge, D. Suhandy e A. Tusi. 2014. O efeito dos níveis de solução de nutrientes EC no crescimento, rendimento e qualidade do tomateSolanum lycopersicum) sob o sistema hidropônico. J. Agri. Engg. Biotech. 2(1):7–12.

Castilla, N. e J. Hernández. 2007. Embalagens tecnológicas para estufas para uma produção agrícola de alta qualidade. Acta Hort., 761: 285-297.

Cepla. 2006. Plásticos para a agricultura. Manual de aplicaciones y usos. J.C. López,J. Pérez-Parra & M.A. Morales (eds). Almería, Espanha. 144 pp.

Coolong, T. 2008. Fotos cortesia de michael bomford, Kentucky State University (plantas) e Brent Rowell, University of Kentucky (frutas). https://www.uky.edu/Ag/CCD/capsicum.pdf 104

Costa, J. M. e E. Heuvelink. 2005. Introdução à cultura e à indústria do tomate. In: Heuvelink, E. (ed.), Tomate. Cromwell Press, Trowbridge, UK: 4 pp.

Costa, P. 2007. Uma abordagem quantificada do estado de crescimento das plantas de tomateiro para estufa Despommier, D. 2010. A Fazenda Vertical: Alimentar o mundo no século XXI. Nova Iorque: Picador.

Dickerson, G. W. 2011. Especialista em Horticultura de Extensão. Faculdade de Agricultura, Consumo e Ciências Ambientais da Universidade do Estado do Novo México. 93 (2): 521-527.

Dysko, J., S. Kaniszewski, e W. Kowalczyk, 2015. Lignite como um novo meio de cultivo de tomate sem solo. J. Elementology 20 (3): 559- 569.

EFSA. 2009. Projecto EFSA-PPR sobre "Recolha de dados existentes sobre sistemas de culturas protegidas (estufas e culturas sob coberto) nos Estados-Membros da UE do Sul da Europa". N. Sifrimis (ed.). Universidade Agrícola de Atenas.

Fan R. Q., M. Yang, T. Xie e M. Reeb. 2012. Determinação de nutrientes em soluções hidropônicas utilizando espectroscopia de infravermelho médio. Scientia Horticulturae 144:48-54.

FAO, 2008. A subida dos preços dos alimentos: factos, perspectivas, impactos e acções necessárias. Documento HLC/08/INF/1 preparado para a Conferência de Alto Nível sobre Segurança Alimentar Mundial: The Challenges of Climate Change and Bioenergy, Roma Faostat 2015: <http://faostat.fao.org/site/339/accessed em 9 de Março de 2017. 105

Flores, J. 2010. Analisisis del clima en los principales modelos de invernadero en México (malla sombre, multitunel y baticenital) mediante la tecnica del CFD. Tesis Doctoral, Universidad de Almería (Espanha). 166 pp.

Garcia, E. e D. M. Barrett. 2006. Avaliação do teor de licopeno no processamento de tomates na Califórnia. J. Food Process. Preservação. 30 (1): 56– 70.

Gellani, U. 2012. A receber o teu dinheiro. Paquistão hoje Karachi. 9- 10-2012 dados online disponíveis em: Receber o valor do seu dinheiro_Paquistão hoje_Notícias de última hora_Notícias de última hora_Notícias do Paquistão_Notícias mundiais_Notícias comerciais_Desporto e Multimédia.htm

Gonzalez, A., R. Rodriguez, S. Bañón, J. A. Franco, J. A. Fernandez, A. Salmerón, e E. Espi. 2003. Cultivo de morango e pepino sob a cobertura de filmes plásticos fluorescentes fotoselectivos. Acta Hort., 614: 407-414.

GoP, 2008. Estatísticas Agrícolas do Paquistão 2008-2009. Ala Económica, Ministério da Agricultura e Pecuária Alimentar, Islamabad

Gorbe, E. e A. Calatayud. 2013. Otimização da nutrição em sistemas sem solo: uma revisão. Adv. Bot. Res. 53: 193-245.

Gruda, N. & Schnitzler, W.H. 2004a. Adequação de substratos de fibra de madeira para a produção de transplantes de vegetais. I. Propriedades físicas dos substratos de fibra de madeira. Sci. Horticul., 100(1-4): 309-322.

Gruda, N. 2005. Crescimento e qualidade dos legumes em meios de cultivo alternativos à turfa. Habilitationsschrift (tese de pós-doutorado). Universidade de Humboldt de Berlim, Alemanha.

Gruda, N. 2009. Os sistemas de cultura sem soilheira têm influência na qualidade dos produtos hortícolas? J. Applied Botany & Food Quality, 82: 141-147.

Gruda, N. e W. H. Schnitzler. 2006. Substratos de fibra de madeira como alternativa de turfa para a produção de vegetais. Eur. J. Wood Prod., 64: 347-350.

Gruda, N., B. Rau e R. D. Wright. 2009. Bioensaio em laboratório e avaliação em estufa de um substrato de pinheiro usado como substrato de recipiente. Europ. J. Hort. Sci., 74(1): 73-78.

Gruda, N., M. Prasad e M. J. Maher. 2006. Soilless Culture. In: R. Lal (ed.) Encyclopedia of soil sciences. Taylor & Francis, Boca Raton, FL, EUA.

Hemming, S., T. Dueck, J. Janse, e F. Noort. 2008. O efeito da luz difusa sobre as culturas. Acta Hort., 801: 1293-1300.

Gordon. J, Graff. 2011. Skyfarming. Tese de Mestrado em Arquitetura Waterloo, Ontário, Canadá.

https://uwspace.uwaterloo.ca/handle/10012/6586?show=full

Heyden, L. 2009. Hydroponics in commercial food production. buzzle web portal:vida inteligente na web. Recuperado a 17 de Novembro de 2009, a partir de 107

http://www.buzzle.com/articles/hydroponics-in-commercial-food production.html

Hussain, S. I., K. M. Khokhar, T. Mahmood, M. H. Laghari e M. M. Mahmud. 2001. Potencial de rendimento de algumas cultivares de tomate exótico e local cultivado para a produção de verão. Pak. J. Bio. Sci., 4 (10): 1215-1216.

Jones, J. 2016. Hidropónicos: Um Guia Prático para o Cultivador Sem Solo. Boca Raton, FL: CRC Press

Joseph, A. e I. Muthuchamy. 2014. Produtividade, qualidade e economia do cultivo de tomate em hidropônicos agregados - Um estudo de caso da região de Coimbatore de Tamil Nadu. Indian.J. Sci. Tech. 7(8): 1078- 1086.

Kashif, M. 2012. abc da criação de túneis no paquistão. Dados online disponíveis em 09-10-2012 abc-of-tunnel-farming-in-pakistan. http://www.hortist.com/ greenhouse /abc-of-tunnel-farming-in-pakistan

Kesseler, J. 2006. "Starting a greenhouse business", Alabama Cooperative Extension System.

Khan, A. 2007. Perfil de oportunidades de investimento para a horticultura fora da estação no NWFP. Organização das Nações Unidas para o Desenvolvimento Industrial (UNIDO).
https://unido.org/fileadmin/user_media/UNIDO_Worldwide/Offices/UNI DO_Offices/Pakistan/Off_Seasons_Vegetables.pdf

Klose, F. e H. J. Tantau. 2004. Teste de telas de insectos - Medição e avaliação da permeabilidade do ar e transmissão da luz. Europ. J. Hort. Sci., 10869: 235– 243.

Kotsiras, A., A. Vlachodimitropoulou, A. Gerakaris, N. Bakas e A. Darras. 2016. Práticas inovadoras de colheita dos tipos Butterhead, Lollo rosso e Batavia green alface (Lactuca sativa L.) cultivadas em sistema hidropónico flutuante para manter a qualidade e melhorar a capacidade de armazenamento. Scientia Horticulturae 201:1-9.

Krishna, G. 2008. indústria de plástico shalimar de chapa de túnel. Online disponível: www.google.com.pk/tunnel indústria de plástico.

Lawwa, R. e B. Singh. 2011. Protected cultivation technology, Indian Agricultural Research Institute. http://webcache.googleusercontent .com/search?q=cache:http://www.ccari.res.in/Mathala.html

Lee, A., N. Enthoven e R. Kaarsemaker. 2016. Diretrizes de melhores práticas para a gestão da água em estufas. GRODAN, Priva e Groen Agro Control. LEI Wageningen UR, Holanda: 22 pp.

Medrano, E., P. Lorenzo e M. C. Sanchez-Guerrero. 2003. Programação da irrigação em cultura sem solo. Em M. Fernández, P. Lorenzo & I.M. Cuadrado, eds. Improvement of water use efficiency in protected crops, p. 301-320. Curso de especialização avançada. Dirección General de Investigación y Formación Agraria de la Junta de Andalucía, HortiMed, FIAPA, Cajamar, Espanha.

Merrill, L. 2011. Serviço de conservação dos recursos naturais de New Hampshire
N. H. Comissário da Agricultura, 15-06-2012. 109

Mills, W. 2010. Um desenho de estufa para um clima subtropical fresco com invernos suaves baseado em medições microclimáticas de ambientes protegidos. ishs acta horticulturae 281. workshop sobre construção e desenho de estufas.

Moraru, C., L. Logendra, T. C. Lee e H. Janes. 2004. Características de dez cultivares de tomate de processamento hidropônico para o Programa de Suporte Avançado de Vida (ALS) da NASA. J. Comp. Alimentar. Anal., 17: 141- 154.

Morgan, K., e R. Sonnino. 2010. "The Urban Foodscape": Cidades do Mundo e a Nova Equação Alimentar." Cambridge Journal of Regions, Economics, and Society 3: 209-224.

Noguera, P., M. Abad, V. Noguera, R. Puchades, e A. Maquieira. 2000. Resíduos de coco, um novo e viável substituto da turfa ecologicamente correto. Acta Hort., 517: 279-286.

Pérez Parra, J., E. Baeza, J. I. Montero e B. J. Bailey. 2004. Ventilação natural das estufas Parral. Biosys. Eng., 87(3): 355-366.

Perez-Parra, J. 2002. Ventilación natural de invernaderos tipo parral. Tese de doutorado. Escuela Técnica superior de Ingenieros Agrónomos y Montes. Universidad de Córdoba.

produção em clima semi árido. Doutoramento, Universidade do Arizona, Tucson, AZ.

Ramakrishna, A. et al. 2006. Efeito da cobertura morta na temperatura do solo, humidade, infestação de ervas daninhas e produção de amendoim no norte do Vietname Field Crops Res., 95: 115-125. 110

Raviv, M., R. Wallach, A. Silber, e A. Bar-Tal. 2002. Substratos e suas análises. Em D. Savvas & H. Passam, eds. Hydroponic production of vegetables and ornamentals, p. 25-102. Embrio publications, Atenas. 463 pp.

Rehman, A. 2007. Novos métodos para a produção de framboesa orgânica em túneis de polietileno. Online disponível em: www.thenews.com.pk. 22-11- 2011.

Sahi, A. 2012. Visão de túnel de outro tipo 28-04-2012. Online disponível: http://pakagri.blogspot.com/2012/04/tunnel-vision-of-another- kind.html

Sammi, S. e T. Masud. 2007. Efeito de diferentes sistemas de embalagem na duração e qualidade do tomate (Lycopersicon esculentum var. Rio Grande).

Schroder, F. G. e H. J. Lieth. 2002. Controlo de rega em hidropónicos. Em D. Savvas & H.C. Passam, eds. Hydroponic production of vegetables and ornamentals, p. 263-298. Embryo Publications, Atenas, Grécia.

Shaheen, J. 2011. Serviço de conservação dos recursos naturais de New Hampshire
Senador dos Estados Unidos. USDA. 15-06-2012.

Shakil, M. 2012. http://Pakistan guia do estudante de agricultura. Os dados online estão disponíveis em pakiagriculture.blogspot.com.

SMEDA (Small and Medium Enterprise Development Authority). 2007. Perfil do distrito Mardan. Online disponível em: www.smeda.org.pk. 15-16- 2012.

Teitel, M. 2001. O efeito das telas à prova de insectos nas aberturas dos telhados sobre o microclima das estufas. Agric. Forest Meteorol., 110: 13-25. 111

Waaijenberg, D. e P. J. Sonneveld. 2004. Projeto de estufas para o futuro com um material de revestimento que combina alta capacidade de isolamento com alta transmitância de luz. Acta Hort., 633: 137-143.

Wallach, R. 2008. Características físicas dos meios de comunicação sem soilless. In: M. Raviv & J.H. Lieth (eds) Soilless culture - Theory and practice, p. 41-116.
Elsevier, Oxford. 608 pp.

William, J. e J. Lamont. 2009. Visão geral do uso de túneis altos em todo o mundo. Hortech.ashspublications.org/content/19/1/25.full.pdf

Zhang, P., M. Senge e Y. Dai. 2017. Efeitos do stress da salinidade em diferentes fases de crescimento no crescimento do tomate, rendimento e eficiência do uso da água. Comunicações em Ciência do Solo e Análise de Plantas DOI: 10.1080/00103624.2016.1269803 112

TABELA DE CONTEÚDOS

PREFÁCIO 4

CULTURA SEM SOLO: AGRICULTURA NO CÉU E BOLHAS

VERDES 5

SISTEMAS SEM SOILESS 32

LITERATURA CITADA 47

Buy your books fast and straightforward online - at one of world's fastest growing online book stores! Environmentally sound due to Print-on-Demand technologies.

Buy your books online at
www.morebooks.shop

Compre os seus livros mais rápido e diretamente na internet, em uma das livrarias on-line com o maior crescimento no mundo! Produção que protege o meio ambiente através das tecnologias de impressão sob demanda.

Compre os seus livros on-line em
www.morebooks.shop

KS OmniScriptum Publishing
Brivibas gatve 197
LV-1039 Riga, Latvia
Telefax: +371 686 204 55

info@omniscriptum.com
www.omniscriptum.com

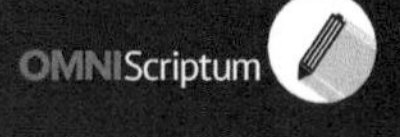

Printed by Books on Demand GmbH, Norderstedt / Germany